新文科·新传媒·新形态 精品系列教材

# 短视频拍摄与创作案例教程

## 全彩慕课版

王晓雷 高飞 杨云◎主编

孟吉坤 翁燕彦 杨志祥◎副主编

人民邮电出版社

北 京

**图书在版编目（CIP）数据**

短视频拍摄与创作案例教程：全彩慕课版 / 王晓雷，高飞，杨云主编. -- 北京：人民邮电出版社，2025.（新文科·新传媒·新形态精品系列教材）. -- ISBN 978-7-115-66351-1

Ⅰ. TB8；TN948.4

中国国家版本馆 CIP 数据核字第 2025DB1329 号

## 内 容 提 要

在数字化时代，短视频正凭借其独特的魅力与广泛的传播力深刻改变着人们的生活方式和媒体生态。本书通过案例系统地讲解短视频策划、拍摄与剪辑等实战技能，共 10 章，分别为短视频概述、短视频前期策划与准备、短视频拍摄基础技法、使用相机拍摄短视频、使用手机拍摄短视频、使用 Premiere 剪辑短视频、使用剪映剪辑短视频、三农产品推荐短视频创作、生活 Vlog 创作，以及文旅宣传片创作。

本书案例丰富，注重实践，既可作为高等院校网络与新媒体、电子商务、市场营销等专业相关课程的教材，也适合广大自媒体工作者、短视频创作者及爱好者阅读学习。

- ◆ 主　　编　王晓雷　高 飞　杨 云
  　副 主 编　孟吉坤　翁燕彦　杨志祥
  　责任编辑　林明易
  　责任印制　陈 犇
- ◆ 人民邮电出版社出版发行　　北京市丰台区成寿寺路 11 号
  　邮编 100164　电子邮件 315@ptpress.com.cn
  　网址 https://www.ptpress.com.cn
  　雅迪云印（天津）科技有限公司印刷
- ◆ 开本：787×1092　1/16
  　印张：13.5　　　　　　　　2025 年 3 月第 1 版
  　字数：388 千字　　　　　　2025 年 3 月天津第 1 次印刷

定价：69.80 元

读者服务热线：**(010)81055256**　印装质量热线：**(010)81055316**
反盗版热线：**(010)81055315**

# 前　言

在信息化高速发展的今天，短视频以其独特的魅力迅速渗透到人们生活的方方面面，成为信息传播、文化交流、知识分享的重要载体，同时也激发了无数人的创作热情。

党的二十大报告提出，要"繁荣发展文化事业和文化产业""加强全媒体传播体系建设，塑造主流舆论新格局"。短视频作为一种新兴的文化表达方式，正逐渐成为大众获取信息、娱乐消遣的重要途径。短视频作为新时代文化传播的重要形式，正以其独特的视角和表达方式，记录着时代的变迁，传递着人民的声音，展现着中华优秀传统文化的独特魅力。

在短视频的世界里，每个人都是潜在的创作者，每个瞬间都可能成为永恒的记忆。然而，要想创作出真正能够触动人心的短视频作品并非易事，这需要创作者具备敏锐的观察力、独特的审美视角、扎实的拍摄技巧，以及丰富的创作灵感。正是基于这样的背景，我们精心策划并编写了本书，旨在为读者提供一份全面、系统且实用的短视频创作学习指南。

本书深度融合理论与实训内容，通过丰富的实训案例，系统地传授短视频拍摄与创作技能，旨在鼓励读者在模仿中创新，在实践中成长，最终创作出既符合市场需求又彰显个人特色的优秀作品。

## 本书特色

● **深度剖析案例，实战导向教学**：本书精选了一系列颇具代表性的短视频案例，从策划、拍摄到剪辑，每一步都进行了深度剖析。通过对案例的详细解读，读者可以直观地了解短视频创作的全过程，并从中汲取灵感和实战经验。这种以实战为导向的教学方式，有助于读者快速掌握短视频创作的核心技能。

● **融入 AI 技术，紧跟行业趋势**：本书在短视频创作环节中融入了 AI 技术，如利用 AI 工具策划选题、撰写脚本等，帮助读者掌握前沿技术，赋能短视频创作。同时，本书紧跟行业发展，引领读者了解最新的行业趋势和工具使用方法，确保自己的创作与市场需求保持同步。

● **跨界融合创新，拓展创作视野**：本书不仅聚焦于短视频创作，还积极探索短视频与其他领域的跨界融合，如短视频＋电商、短视频＋文旅等。通过跨界融合的案例创作，读者可以了解短视频在不同领域的应用，拓展自己的创作视野和思路。

● **注重实践训练，栏目设置丰富**：本书在讲述理论与技能知识的同时，也非常注重实践训练，每章均设有"课堂实训"模块，以案例代入实训，然后以清晰的思路引导读者进行实训，有效提升读者的实践水平。另外，本书还设有"知识提示""素养小课堂""小技巧"等栏目，帮助读者进行延伸学习，提升个人素养。

## 学时安排

本书作为教材使用时，课堂教学建议安排 26 学时，实训教学建议安排 22 学时。各章的学时安排如表 1 所示，用书教师可以根据实际情况进行调整。

表1　各章的学时安排

| 章序号 | 章标题 | 课堂教学／学时 | 实训教学／学时 |
| --- | --- | --- | --- |
| 1 | 短视频概述 | 2 | 1 |
| 2 | 短视频前期策划与准备 | 3 | 1 |
| 3 | 短视频拍摄基础技法 | 3 | 2 |
| 4 | 使用相机拍摄短视频 | 2 | 2 |
| 5 | 使用手机拍摄短视频 | 2 | 2 |
| 6 | 使用 Premiere 剪辑短视频 | 4 | 3 |
| 7 | 使用剪映剪辑短视频 | 4 | 3 |
| 8 | 三农产品推荐短视频创作 | 2 | 2 |
| 9 | 生活 Vlog 创作 | 2 | 3 |
| 10 | 文旅宣传片创作 | 2 | 3 |
| 学时总计 | | 26 | 22 |

## 教学资源

为了方便教学，我们为用书教师提供了丰富的教学资源，包括教学大纲、电子教案、课程标准、PPT 课件、习题答案、素材文件和效果文件等。如有需要，用书教师可登录人邮教育社区（www.ryjiaoyu.com）搜索本书书名或书号获取相关教学资源。

本书教学资源及数量如表 2 所示。

表2　教学资源及数量

| 编号 | 教学资源名称 | 数量／份 |
| --- | --- | --- |
| 1 | 教学大纲 | 1 |
| 2 | 电子教案 | 1 |
| 3 | 课程标准 | 1 |
| 4 | PPT 课件 | 10 |
| 5 | 习题答案 | 1 |
| 6 | 素材文件 | 828 |
| 7 | 效果文件 | 10 |

为了帮助读者更好地使用本书，我们为书中的案例录制了配套的慕课视频，本书的慕课视频分为操作视频和效果视频两种类型，读者可以通过扫描书中的二维码观看。

操作视频名称及二维码所在页码如表 3 所示。

表3 操作视频名称及二维码所在页码

| 章节 | 操作视频名称 | 页码 | 章节 | 操作视频名称 | 页码 |
|---|---|---|---|---|---|
| 6.2.1 | 新建项目与导入素材 | 94 | 7.7.1 | 导出短视频 | 137 |
| 6.2.2 | 管理素材 | 96 | 7.7.2 | 发布短视频 | 138 |
| 6.2.3 | 创建序列 | 97 | 课堂实训 | 使用剪映剪辑古风短视频 | 139 |
| 6.2.4 | 将素材添加到序列 | 98 | 8.3.1 | 剪辑片头 | 148 |
| 6.2.5 | 修剪视频剪辑 | 100 | 8.3.2 | 剪辑视频素材 | 151 |
| 6.2.6 | 复制、移动与替换剪辑 | 102 | 8.3.3 | 编辑音频 | 152 |
| 6.3.1 | 调整视频播放速度 | 104 | 8.3.4 | 视频调色 | 153 |
| 6.3.2 | 添加视频效果 | 105 | 8.3.5 | 制作视频效果 | 154 |
| 6.3.3 | 添加动画效果 | 107 | 8.3.6 | 添加字幕 | 156 |
| 6.3.4 | 添加转场效果 | 108 | 课堂实训 | 使用剪映剪辑软籽石榴产品推荐短视频 | 157 |
| 6.3.5 | 设置时间重映射 | 109 | 9.3.1 | 粗剪短视频 | 166 |
| 6.4.2 | 视频颜色校正 | 110 | 9.3.2 | 精剪视频剪辑 | 170 |
| 6.4.3 | 使用滤镜调色 | 113 | 9.3.3 | 制作渐变擦除转场效果 | 172 |
| 6.5.1 | 添加与编辑音频 | 114 | 9.3.3 | 制作水墨转场效果 | 173 |
| 6.5.2 | 添加与编辑旁白字幕 | 115 | 9.3.3 | 制作无缝放大转场效果 | 174 |
| 6.6.1 | 制作片头 | 116 | 9.3.4 | 视频调色 | 178 |
| 6.6.2 | 制作片尾 | 118 | 9.3.5 | 添加字幕 | 179 |
| 6.7 | 导出短视频 | 119 | 9.3.6 | 制作片头 | 180 |
| 课堂实训 | 使用Premiere剪辑景区旅游推广短视频（1） | 119 | 课堂实训 | 使用Premiere剪辑布罗莫火山旅行Vlog（1） | 181 |
| 课堂实训 | 使用Premiere剪辑景区旅游推广短视频（2） | 119 | 课堂实训 | 使用Premiere剪辑布罗莫火山旅行Vlog（2） | 181 |
| 7.2.1 | 素材的导入与分割 | 126 | 10.3.1 | 剪辑视频素材（1） | 189 |
| 7.2.2 | 精剪视频片段 | 127 | 10.3.1 | 剪辑视频素材（2） | 189 |
| 7.3.1 | 视频效果设计 | 129 | 10.3.2 | 编辑音频 | 196 |
| 7.3.2 | 转场的设置 | 131 | 10.3.3 | 视频调色 | 197 |
| 7.4.1 | 设置滤镜 | 131 | 10.3.4 | 制作摇镜转场效果 | 199 |
| 7.4.2 | 调整画面颜色 | 132 | 10.3.4 | 制作旋转扭曲转场效果 | 201 |
| 7.5.1 | 设置音频 | 133 | 10.3.5 | 添加字幕 | 202 |
| 7.5.2 | 设置字幕 | 134 | 课堂实训 | 使用Premiere剪辑江郎山宣传短视频（1） | 205 |
| 7.6.1 | 制作片头 | 135 | 课堂实训 | 使用Premiere剪辑江郎山宣传短视频（2） | 205 |
| 7.6.2 | 制作片尾 | 137 | — | — | — |

效果视频名称及二维码所在页码如表 4 所示。

表4　效果视频名称及二维码所在页码

| 章节 | 效果视频名称 | 页码 | 章节 | 效果视频名称 | 页码 |
|---|---|---|---|---|---|
| 6.6 | 整体效果展示 | 119 | 课堂实训 | 使用剪映剪辑软籽石榴产品推荐短视频 | 157 |
| 课堂实训 | 使用 Premiere 剪辑景区旅游推广短视频 | 119 | 9.3 | 使用 Premiere 剪辑乌江寨旅行 Vlog | 166 |
| 7.7 | 整体效果展示 | 137 | 课堂实训 | 使用 Premiere 剪辑布罗莫火山旅行 Vlog | 181 |
| 课堂实训 | 使用剪映剪辑古风短视频 | 139 | 10.3 | 使用 Premiere 剪辑齐齐哈尔文旅宣传片 | 189 |
| 8.3 | 使用剪映剪辑鸭背杨梅产品推荐短视频 | 148 | 课堂实训 | 使用 Premiere 剪辑江郎山宣传短视频 | 205 |

## 本书编者

本书由王晓雷、高飞、杨云任主编，由孟吉坤、翁燕彦、杨志祥任副主编。此外，孙夕然老师也参与了本书的编写和审校工作。尽管编者在编写过程中力求准确、完善，但书中难免有疏漏与不足之处，请广大读者批评指正。

编　者

2025 年 1 月

# 目 录

**第 7 章**
**使用剪映剪辑短视频**

**第 8 章**
**三农产品推荐短视频创作**

# 第 9 章
# 生活 Vlog 创作

# 第 10 章
# 文旅宣传片创作

第 **1** 章

# 短视频概述

**学习目标**

➢ 了解视频的构成、基本参数、编码标准和封装格式。

➢ 了解短视频的特点、常见类型和创作流程。

➢ 掌握短视频的创作规范与常见误区。

➢ 了解短视频创作人才的岗位职责与要求。

**本章概述**

　　近年来短视频行业经历了迅猛的发展，逐渐渗透到社会生活的方方面面。短视频的内容题材日益丰富，可以满足用户多样化的信息获取和娱乐需求。品牌方也越来越重视短视频平台的营销价值，投入大量资金进行广告投放和合作推广。本章将介绍视频、短视频的基础知识，以及短视频创作人才的岗位职责与要求。

**本章关键词**

　　视频　短视频　创作规范　岗位职责　技能要求　素养要求

# 1.1 初识视频

视频是一种通过连续的图像序列和与之同步的音频信号来传达信息、讲述故事、展现场景或表达情感的多媒体形式。它将静态的图像按照一定的时间顺序播放，再加上声音的配合，从而创造出动态的视觉和听觉体验。

## 1.1.1 视频的构成

视频的构成元素丰富多样，它们共同协作以传达信息、讲述故事或展示内容。视频主要由以下元素构成。

### 1. 画面

画面包括图像和构图。图像是视频的核心组成部分，包括各种场景、人物、物体的视觉呈现。图像的清晰度、色彩、对比度等会直接影响视频的质量。例如，高清晰度的图像能够让观众观看到更清晰的细节，丰富的色彩可以增强视觉冲击力，如图1-1所示。

构图决定了画面中各个元素的布局和安排。合理的构图可以引导观众的视线，突出主题。例如，使用三分法构图可以将画面分为九宫格，将重要的元素放置在交叉点上，使画面更加平衡和更具吸引力，如图1-2所示。

图1-1　图像有丰富的色彩

图1-2　九宫格

### 2. 声音

声音包括人声、音乐和音效。

（1）人声：人声包括对话、旁白、解说等。清晰、准确的人声能够传达重要的信息和情感。例如，纪录片中的旁白可以帮助观众更好地理解内容，电影中人物的对话可以推动剧情的发展。

（2）音乐：音乐可以增强视频的氛围和情感表达。不同类型的音乐适合不同的场景。例如，激昂的音乐可以用于励志场景，舒缓的音乐可以用于抒情场景。

（3）音效：音效有环境音、自然音、特殊音效等。音效能够增强视频的真实感和沉浸感。例如，鸟叫声、风声、雨声等环境音可以让观众更好地感受到视频中的场景。

### 3. 剪辑

剪辑是指将多个视频片段按照一定的逻辑顺序和节奏组合起来的过程。视频剪辑技巧包括镜头切换、转场效果、剪辑节奏等，能够影响视频的节奏感、流畅度和表达效果。

（1）镜头切换：通过不同镜头之间的切换来讲述故事或展示内容。合理的镜头切换可以使视频更加流畅和有节奏感。例如，从全景切换到特写，可以突出某个重要的细节。

（2）转场效果：用于连接不同的镜头，使过渡更加自然。常见的转场效果有淡入淡出、闪白、旋转等。

（3）剪辑节奏：它决定了视频的快慢和紧张程度。快速的剪辑节奏可以营造紧张、刺激的氛围，而缓慢的剪辑节奏可以让观众更好地欣赏画面和感受情感。

## 4．字幕

字幕是用于辅助说明视频内容、解释对话或传达关键信息的文本元素。字幕又分为标题字幕、对白字幕和说明字幕。

（1）标题字幕：用于展示视频的主题和名称，通常出现在视频的开头或结尾。

（2）对白字幕：当视频中的人声不清晰或观众需要更好地理解对话内容时，可以添加对白字幕。

（3）说明字幕：用于解释画面中的内容或提供额外的信息。例如，在科普视频中，可以添加说明字幕来解释专业术语。

## 1.1.2 视频的基本参数

视频的基本参数主要包括分辨率、帧率、码率、色深等，这些参数共同决定了视频的整体质量和观看体验。

## 1．分辨率

视频的分辨率是指视频在一定区域内包含的像素点的数量，常见的分辨率有720P（1280像素×720像素）、1080P（1920像素×1080像素）、2K（2560像素×1440像素）、4K（3840像素×2160像素）等。分辨率越高，视频的清晰度越高，能够显示更多的细节。

## 2．帧率

视频是由连续的图像构成的，每一张图像称为一帧。帧率是指每秒显示的帧数，常见的帧率有24帧/秒、30帧/秒、60帧/秒等。帧率越高，视频的流畅度越高，能够提供更平滑的动态画面。

## 3．码率

码率又称位率，指视频数据传输或存储的速率，它决定了视频的质量和文件大小。码率越高，视频的质量通常越好，但文件大小也会相应地增大。码率一般用的单位是kbit/s或kbps（千比特/秒）。根据视频数据传输和存储的时间与码率，人们可以计算出一定时间内的视频文件大小。

## 4．色深

色深指的是每个像素可以表示的颜色数量，其单位是bit。1 bit代表一种颜色具有两种不同的深浅，2 bit代表一种颜色具有4种不同的深浅。常见的色深有8 bit、10 bit、12 bit等。色深越大，颜色过渡越平滑，能够提供更丰富的色彩表现。

以上这些参数相互影响，共同决定了视频的整体质量和观看体验。例如，高分辨率的视频需要更高的码率来保证画质，而高帧率则能提升动态画面的流畅度。了解这些基本参数，对于选择合适的视频格式、剪辑或优化视频都有重要的意义。

## 1.1.3　视频编码标准

数字视频技术被广泛应用于通信、计算机、广播电视等领域，带来了视频会议、可视电话及数字电视、媒体存储等一系列应用，促使了许多视频编码标准的产生。

视频编码标准是视频处理和传输领域中的重要概念。它们定义了视频数据的压缩、编码和解码的规则，以确保视频内容在不同平台和设备上的正确显示和传输，在尽可能保证视频质量的前提下，减少视频数据的存储空间和传输带宽的限制。

目前，主要的视频编码标准有以下几种。

### 1．MPEG 系列标准

MPEG系列标准由国际标准化组织（ISO）和国际电工委员会（IEC）联合制定，该系列标准包括MPEG-1、MPEG-2、MPEG-4等，主要应用于视频存储（如DVD）、广播电视、互联网或无线网上的流媒体等。

### 2．H.26× 系列标准

H.26×系列标准包括以下几种。

（1）H.261：主要用于实时视频通信领域，如可视电话和视频会议。它是第一个广泛使用的视频编码标准，为后续的编码标准奠定了基础。

（2）H.262：也被称为MPEG-2的视频编码部分。它实际上与MPEG-2的视频编码部分相同，所以具有与MPEG-2相似的性能和应用场景。

（3）H.263：在H.261的基础上进行了改进，提供了更高的压缩比和更好的图像质量，尤其适用于低带宽环境下的视频传输。

（4）H.264/AVC：这是由国际电信联盟电信标准分局（ITU-T）和ISO/IEC联合开发的视频编码标准，被广泛应用于视频流媒体和视频文件的压缩。它在压缩效率和解码兼容性方面取得了很好的平衡，是目前使用最为广泛的视频编码标准之一。

（5）H.265/HEVC：作为H.264/AVC的继任者，H.265/HEVC提供了更高的压缩效率，可以在相同的视频质量下使用更低的码率，或者在相同的码率下提供更高的视频质量，非常适合4K和8K视频内容的传输和存储。

### 3．其他新兴标准

其他新兴标准主要有AVS3音视频信源编码标准和AV1。

（1）AVS3音视频信源编码标准

AVS3音视频信源编码标准是中国提出的音视频编码标准，于2022年7月被正式纳入国际数字视频广播组织（DVB）核心规范。这标志着中国在全球视频编码标准领域作出了重要贡献。

AVS3是全球首个已推出使用的面向8K及5G产业应用的音视频信源编码标准。它全面推动超高清视频产业链在内容、网络和终端等重要环节上的空前融合，持续拉动5G宽带通信网络建设投资和业务发展，加速拓宽5G应用覆盖面，并为人工智能、虚拟现实等新一代信息技术提供重要应用场景，以及加快在广播电视、文教娱乐、安防监控、医疗健康、智能交通、工业制造等领域的创新应用，推动形成新兴信息产业集群，助力世界经济发展。

（2）AV1

AV1是一种新兴的开源免版税视频压缩格式，由开放多媒体联盟（AOMedia）于2018年初联合开发并最终确定。开发AV1的主要目的是保持实际解码复杂性和硬件可行性的同时，在最先进的编解码器上实现显著的压缩增益。

尽管AV1的编码和解码过程需要更多的计算资源，导致在早期推广过程中面临一些挑战，但随着技术的成熟和优化，以及更多企业和组织的支持，AV1有望成为未来视频传输的主流编码标准。

## 1.1.4　视频的封装格式

在现代多媒体处理中，视频封装格式扮演着至关重要的角色。不同的封装格式决定了视频文件不同的存储方式、兼容性以及功能特性。

视频的封装格式也称容器格式，指将已经编码的视频、音频和字幕等数据流封装进一个文件中的格式。这些格式不仅保存了媒体数据，还包含了这些数据的元信息（如时间戳、轨道信息、编解码器类型等），以及多个可能的数据流。

常见的视频封装格式包括以下几种类型。

### 1．MP4

MP4（MPEG-4 Part 14）是一种标准的数字多媒体容器格式，其扩展名为.mp4，以存储数字音频及数字视频为主，也可存储字幕和静止图像。因MP4可容纳支持码流的视频流（如高级视频编码），所以可以在网络传输时使用流式传输。MP4与H.264编码标准结合使用，可提供良好的压缩效率和视频质量，适合在线视频和移动媒体。

### 2．AVI

AVI（Audio Video Interleaved）即音频视频交错格式，是将语音和影像同步组合在一起的文件格式。它对视频文件采用了一种有损压缩方式，压缩比较高。尽管AVI的画面质量不是太好，但其应用范围仍然非常广泛。AVI信息主要应用在多媒体光盘上，用于保存电视、电影等各种影像信息。

### 3．MKV

MKV是一种开源封装格式，支持大部分编解码器和多音轨、字幕、章节等功能。灵活性和扩展性使其成为高清电影和电视节目存储的理想选择。

### 4．MOV

MOV由苹果公司开发，支持高质量的视频和音频编解码器，以及字幕和元数据，常用于视频剪辑和高质量视频存储。

### 5．WMV

WMV由微软公司开发，支持多种编解码标准。它支持高压缩比和良好的视频质量，但兼容性较差，主要用于Windows媒体播放器。

## 6．WEBM

WEBM是一种开源格式，用于网络视频流，支持VP8/VP9编解码器。它具有较小的文件大小和良好的兼容性，特别适用于HTML5视频。

# 1.2  初识短视频

短视频即短片视频，是一种互联网内容传播方式，一般播放时长在5分钟以内。随着短视频行业的不断发展，如今短视频已经成为全民化应用，拥有庞大的用户基础，且仍展现出巨大的商业发展潜力。

## 1.2.1  短视频、中视频与长视频

短视频、中视频和长视频作为视频内容的3种主要形式，在内容上形成互补关系。短视频适合快速传递信息，中视频能够较为深入地探讨某一主题，而长视频则提供沉浸式的观看体验，三者共同构成了丰富的视频内容生态。

随着技术的不断进步和用户需求的变化，短视频、中视频和长视频之间的融合发展趋势日益明显。许多平台开始尝试将长视频内容切割成中视频或短视频进行传播，同时也在短视频平台上推出微剧、微综艺等长视频内容。这种融合发展既丰富了视频内容的形式和种类，也提升了用户的观看体验和满意度。

在了解了短视频、中视频和长视频的联系之后，下面介绍这三者的区别。

### 1．时长

短视频的时长通常在15秒到5分钟，以快速传递信息为特点。中视频的时长一般在5分钟到30分钟，能够较为完整地讲述一个事件或主题，表达更加连贯、从容。长视频的时长一般会超过30分钟，通常以影视剧、综艺节目等长篇幅内容为主，内容质量较高，制作周期较长。

### 2．观看体验

短视频适合随时随地观看，无须长时间投入，但信息可能较为碎片化。中视频需要一定的时间投入，但能使观众较为完整地获取信息，加深记忆。长视频则需要较长时间来观看，适合在特定时间、特定地点进行播放，能够给观众带来沉浸式的观看体验。

### 3．内容倾向

短视频的内容以创意、生活、娱乐为主，形式简单，节奏快，适合利用碎片化时间观看。中视频的内容以科普、知识、集锦等为主，内容丰富，质量较高，能够比较深入地探讨某一主题。长视频的内容以剧情为主，如影视剧、综艺节目等，有完整的故事主线，内容质量高，制作精良。

### 4．制作门槛

短视频的制作门槛相对较低，用户原创内容占比较高，制作成本和时间相对较少。中视频的制作门槛介于短视频和长视频之间，虽然也是用户生产原创内容，但用户的专业水平相对较高，需要一定的制作时间和成本。长视频的制作门槛最高，一般由专业公司来完成制作，内容质量高，制作周期长，成本也相对较高。

## 1.2.2 短视频的特点

短视频作为一种新兴的互联网内容传播方式，具有以下特点。

### 1. 短小精悍，内容丰富

短视频的时长比较短，方便用户在短时间内就能获取大量信息或娱乐内容。短视频内容涵盖了技能分享、幽默娱乐、时尚潮流、社会热点、街头采访、公益教育、广告创意等多个领域，满足了不同用户群体的需求。

由于时长短，短视频需要在前几秒就吸引用户的注意力，因此节奏比较快、内容紧凑，符合用户碎片化的阅读习惯。

### 2. 制作门槛低，创作便捷

与传统视频相比，短视频的制作门槛相对较低，使用一部智能手机就能完成拍摄、剪辑、上传等流程。许多短视频平台和剪辑工具都提供了一键添加滤镜、一键成片、剪同款等简单易学的功能，这使得普通用户也能轻松制作出高质量的短视频作品。

### 3. 创意十足，富有个性化

短视频的制作和剪辑手法多种多样，用户可以运用充满个性和创造力的手法创作出独特的作品。这种多元化的表现形式更符合年轻一代用户的个性化和多元化审美需求。

### 4. 传播迅速，交互性强

短视频有多种多样的传播渠道，包括社交媒体、短视频平台等，容易实现裂变式传播。用户可以通过点赞、评论、发弹幕等方式与其他用户进行互动，增强了用户的参与感和黏性。

### 5. 观点鲜明，接受度高

短视频传播的信息观点鲜明、内容集中、言简意赅，容易被用户理解和接受。在快节奏的生活方式下，短视频满足了用户追求"短、平、快"的信息获取需求。

### 6. 目标精准，营销效应强

与其他营销方式相比，短视频营销可以准确地找到目标用户群体，实现精准营销。短视频平台通常会对搜索引擎进行优化，用户搜索关键词时更容易找到相关短视频内容，从而提升营销效果。

## 1.2.3 短视频的常见类型

按照短视频内容的展现形式来分类，短视频可以分为口播类、剧情类、Vlog类和剪辑类。

### 1. 口播类

口播类短视频主要是以出镜人讲述的形式来展现内容，以单一固定镜头为主，根据内容加入视频或图片，如图1-3所示。适用的细分内容类型有干货分享、知识付费、推书、开箱等。口播类短视频需要出镜人有大量的知识积累。如果内容上准备得不够充分，画面比较单一，很容易出现完播率低、用户直接划走的情况。因此该类型短视频对题材的选择比较严格。

## 2．剧情类

剧情类短视频以故事情节为核心，通过视频的形式来展现一个完整的故事，包括开头、发展、高潮和结局。适用的细分内容类型有搞笑类、反转类、情感类（见图1-4）、正能量类等。剧情类短视频对脚本的要求较高，需要强有力的情节支撑，对演员的演绎和视频的拍摄与剪辑都有一定的要求。

## 3．Vlog 类

Vlog（Video Blog，视频网络日志）类短视频是以第一视角为主的个人生活记录短视频，可以是MV形式，也可以是自述形式。适用的细分内容类型有旅游类（见图1-5）、生活类、探店类等。Vlog类短视频对画面的要求较高，需要创作者有丰富的生活阅历，多为室外拍摄。

图1-3　口播类短视频　　　　图1-4　情感类短视频

> 💡 **小技巧**
>
> Vlog 类短视频要让用户在观看时有身临其境的感觉，可通过创意剪辑或主题策划带领观众体验各种生活，切忌流水账式地记录，否则会显得枯燥乏味，使用户丧失继续关注创作者的动力和欲望。

## 4．剪辑类

剪辑类短视频是以精细地剪辑视频素材为核心的创意表达方式，通过选取精彩瞬间，运用音效、图像处理、文字等多种手段，将原始素材进行修剪、重组和调整，以简洁明快的形式展现故事情节和内容，通常在几十秒甚至更短的时间内完成。

剪辑类短视频以影视剧（见图1-6）、采访、动画等内容为主，主题不限。这类短视频具有强烈的个人色彩，需要大量内容的积累，对剪辑思路的要求很高。在创作这类短视频时，创作者首先要清楚想要表达什么，再通过剪辑画面和配音服务于视频主题。

图1-5　旅游类短视频　　　　图1-6　影视剧剪辑类短视频

> 📋 **知识提示**
>
> 影视解说类短视频是影视剧剪辑类短视频的一种重要形式，是以已有的影视作品为素材，通过剪辑编排并加入解说词的方式进行再创作。创作影视解说类短视频无须复杂的拍摄设备或专业团队，创作者通过便携式移动终端即可完成剪辑、配音和合成，大大降低了创作门槛。尽管时长有限，但影视解说类短视频往往能够对影视作品进行深入剖析和精准解读，内容集中且专业性强。

## 1.2.4　短视频的创作流程

短视频的创作流程主要包括以下几个关键步骤。

### 1．确定主题

创作者首先要明确短视频的主题内容，可以从自己的兴趣爱好、专业领域、当下热点等方面入手，确定一个能够吸引用户的主题。例如，如果创作者喜欢美食，可以把制作一道特色菜肴的过程作为主题；如果创作者关注时尚，可以分享当季的流行穿搭等。除了确定主题，创作者还要了解目标用户的喜好、需求和兴趣点，以创作出更符合他们需求的短视频作品。

### 2．短视频策划

创作者在做短视频策划时，要围绕主题构思一个简单的故事框架，明确短视频的开头、中间和结尾。例如，美食短视频可以从介绍食材开始，然后展示烹饪过程，最后呈现美味的成品。

在短视频策划过程中，撰写一个详尽而周密的脚本是至关重要的。一个好的脚本不仅能为视频内容提供清晰的框架和结构，还能确保团队成员在创作过程中有明确的指导和依据。创作者可以通过脚本，将故事梗概拆分成具体的镜头，确定每个镜头的画面内容、拍摄角度、景别和时长，同时考虑镜头之间的衔接方式，以保证短视频的流畅性。

如果短视频需要有人物对话或解说，就要提前撰写好台词。台词要简洁明了、生动有趣，能够传达主题信息。

### 3．短视频拍摄

短视频拍摄包括拍摄前的准备和拍摄过程。

（1）拍摄前的准备

拍摄前的准备包括设备选择、场地布置和演员安排。

在设备选择方面，创作者要根据自己的需求和预算选择合适的拍摄设备，如手机、相机、摄像机等，同时要准备好三脚架、稳定器等辅助设备，以保证拍摄的稳定。

在场地布置方面，创作者要根据主题选择合适的拍摄场地，并进行简单的布置。例如，美食短视频可以选择一个整洁明亮的厨房作为拍摄场地，摆放好所需的食材和厨具。

在演员安排方面，创作者要提前确定演员人选，并进行必要的排练，以确保演员能够准确地表达出短视频的主题和情感。

（2）拍摄过程

创作者要按照脚本进行拍摄，注意画面的稳定性、光线和构图，可以多拍摄一些不同角度和景别的镜头，以便在后期剪辑时有更多的选择；注意拍摄的顺序，尽量按照脚本的逻辑顺序进行拍摄，以便于后期剪辑；在拍摄过程中，可以适当融入一些动态元素，如人物的动作、物体的移动等，以增强画面的生动性。

### 4．后期剪辑

后期剪辑主要包括以下工作。

（1）素材整理

创作者要将拍摄的素材导入PC（个人计算机）端或移动端设备中进行整理和筛选，删除一些模糊、重复或不符合主题的镜头。

（2）选择剪辑软件

创作者要根据自己的熟练程度选择合适的剪辑软件，如剪映、快剪辑、Premiere等。

（3）剪辑合成

创作者要按照脚本的逻辑顺序对筛选后的素材进行剪辑，添加转场效果、字幕、音乐和音效等，使短视频内容更加丰富、生动。同时，还要注意短视频的节奏和时长，保证短视频的流畅性和吸引力。

## 5. 审核发布

在发布短视频之前，创作者要对短视频内容进行审核，检查其是否存在画面模糊、声音不清晰、字幕错误等问题，同时确保短视频内容符合相关法律法规和平台规定。创作者可以根据短视频主题和目标用户选择合适的短视频平台进行发布，如抖音、快手、小红书等。

在发布短视频时，创作者要撰写一个吸引人的标题和描述，并添加相关的话题标签，以提高短视频的曝光率。同时，可以通过分享到其他社交平台、与粉丝（网络用词，特指喜爱某一人物或形象的一个群体）互动等方式对短视频进行推广。

## 1.2.5 短视频创作规范与常见误区

在网络环境中，短视频内容传播迅速且广泛。制定短视频的创作规范有助于营造一个健康、安全、合法的网络空间，使用户免受不良信息的侵害，并引导创作者传播符合社会主流价值观的内容，如正能量、积极向上、尊重多元文化等。这不仅可以确保内容创作质量，提升用户体验，还能促进短视频行业的可持续发展。

有些创作者由于缺乏明确的创作目标和定位，再加上受到短期利益的诱惑，很容易走入创作误区。

## 1. 短视频的创作规范

短视频的创作规范主要包括以下几个方面。

（1）遵守法律法规

短视频内容必须遵守国家法律法规，不得包含违法违规、低俗色情、恐怖暴力、侵犯他人权益（如版权、肖像权）等不良信息。

如果短视频中包含广告内容，需遵守《中华人民共和国广告法》规定，不得发布虚假广告或误导性信息。

> **素养小课堂**
>
> 树立诚信意识，不仅是商业活动的基本准则，还是个人品德与社会责任感的重要体现。在广告领域，我们要遵守《中华人民共和国广告法》的各项规定，坚决不发布虚假广告，这是维护市场秩序、保护消费者权益、促进社会公平正义的必然要求。这也要求我们在商业活动中坚持诚信为本的原则，积极履行社会责任，共同营造一个公平、透明、健康的市场环境。

（2）尊重知识产权

创作者应尊重他人原创作品，未经授权不得搬运、抄袭或模仿他人的短视频内容。在引用他人素材时，应注明出处并获得授权，须确保短视频中使用的音乐、图片、短视频等素材已获得合法授权或属于无版权素材，避免侵犯版权。例如，在使用背景音乐时，要选择无版权纠纷的音乐或者获得版权方的许可。

（3）价值导向正确

短视频内容应传递积极、正面的价值观，如爱国、敬业、诚信、友善等，不得传播低俗、庸俗、媚俗的内容，以及谣言等。创作者可以通过讲述励志故事、展示美好生活、弘扬中华优秀传统文化等方式，给用户带来正能量和启发。

（4）遵守平台规则

不同的短视频平台可能有不同的创作规范和要求，平台可能会对违规内容进行处罚，如删除短视频、限制账号功能，甚至封禁账号。创作者在发布短视频前，应仔细阅读并遵守平台的相关规定和指南，以确保内容符合平台要求，并获得更好的推荐和曝光机会。

## 2．短视频创作的常见误区

在短视频创作过程中，创作者可能会陷入多种误区，这些误区不仅会影响短视频的质量，还可能阻碍短视频的传播和用户互动。

创作者要尽量避免以下创作误区。

（1）过度追求热点

很多创作者盲目跟风热点话题，没有自己的独特观点和创新元素。

避免方法：在关注热点的同时，要深入挖掘热点背后与自身定位相关的内容。例如，美食博主可以结合当下流行的健康养生热点，从独特的食材搭配或烹饪方式入手，创作出既贴合热点又有自己特色的美食短视频。

（2）忽视用户需求

有些创作者只按照自己的兴趣和想法创作，没有对目标用户进行分析。

避免方法：做好用户调研，通过分析同类热门短视频的评论区、开展问卷调查等方式，了解用户的年龄、兴趣和需求等。如果目标用户是学生群体，可以创作一些与学习技巧、校园生活趣事相关的短视频作品。

（3）缺乏深度和价值

短视频内容过于表面，只是简单展示某个现象或产品，没有提供深入的分析、解决方案或情感慰藉。

避免方法：在创作前，创作者要明确主题的价值点是提供知识、娱乐还是情感慰藉等。知识类短视频创作者可以邀请专家或者查阅权威资料，确保内容有深度；历史类短视频创作者可以深入研究历史事件的背景、影响和意义，以故事的形式呈现给用户，增加内容的深度和价值。

（4）过度注重特效和包装

过度注重特效和包装是指花费大量时间和精力在特效的制作、华丽的转场和精美的画面包装上，而忽略了内容本身的质量。

避免方法：特效和包装应服务于内容，根据短视频的主题和风格适度使用。如果是一个讲述温馨故事的短视频，简洁、自然的画面搭配柔和的色调更能营造氛围，并不需要复杂的特效。

（5）忽视音频质量

有的创作者只关注短视频画面，对音频的录制和处理不够重视。

避免方法：使用专业的音频设备进行录制，如外置话筒。在选择背景音乐时，要根据短视频的节奏、情感和主题进行挑选，并合理调整音频的音量比例，确保声音清晰、和谐。

（6）有急功近利的心态

有的创作者刚发布几个短视频就希望获得大量粉丝和高播放量，如果短期内没有达到预期效果就轻易放弃，或者频繁更改内容策略。

避免方法：制订长期的运营计划，了解短视频平台的算法规律和成长周期。一般来说，持续输出优质内容3~6个月才可能看到比较明显的效果，创作者要在这个过程中不断分析数据，调整创作方向。

（7）忽视平台规则

有些创作者不了解短视频平台的相关规则，发布违规内容，如侵权、低俗、虚假信息等，导致账号受到处罚，甚至被平台封禁，或者不按照平台推荐机制优化短视频标签、标题等。

避免方法：仔细阅读并遵守平台的规则，定期关注平台政策的更新。在发布短视频前，认真检查短视频内容是否存在违规风险，同时根据平台的推荐算法优化短视频的标签、标题等，提高短视频的曝光率。

## 1.2.6 短视频的热门平台

短视频行业的快速发展离不开短视频平台的推动。短视频平台为创作者提供了一系列易于使用的创作工具，是创作者发布短视频作品的主要场所，也是推广短视频作品的主要渠道。短视频平台构建了多种创作收益模式，其互动功能为创作者提供了重要的反馈机制，平台构建的社区环境有利于创作者积累粉丝，形成自己的影响力。

目前，短视频行业中的热门平台主要有以下几个。

### 1. 抖音

抖音创立于2016年，一开始的定位是音乐创意短视频社交软件，后来定位转变为"记录美好生活"。用户可以通过选择歌曲、搭配海量特效和滤镜，创作短视频，并在平台上发布自己的短视频作品。抖音上的内容丰富多样，涵盖生活妙招、美食制作、旅行攻略、科技知识、时事新闻、同城资讯等内容。抖音拥有庞大的用户群体和极高的活跃度，是目前最具影响力的短视频平台之一。

### 2. 快手

快手创立于2011年，最初是一款用于制作、分享GIF（图形交换格式）图片的手机应用，后来转型为短视频社区。它是国内颇具影响力的以短视频和直播为主要载体的内容社区与社交平台，强调真实的内容，用户可以记录和分享自己真实而有趣的生活。快手上有搞笑、才艺、生活记录等类型的短视频，用户群体十分广泛，互动性强。

### 3. 微信视频号

微信视频号是一个依托于微信生态的短视频平台，是一个人人都可以记录和创作的平台，也是一个了解他人、了解世界的窗口。微信视频号的内容以图片和视频为主，可以发布长度不超过1分钟的视频，或者不超过9张的图片，还能带上文字和公众号文章链接。由于与微信社交关系紧密相连，所以微信视频号在社交传播和用户互动方面具有独特的优势。

### 4. 哔哩哔哩

哔哩哔哩是一个以视频内容为核心，集短视频、长视频、直播、社区互动等多种功能于一体的综合性视频分享平台，其内容涵盖了动画、音乐、舞蹈、游戏、科技、生活、时尚等多个领域。

尽管哔哩哔哩不完全等同于短视频平台，但它是短视频内容的重要发布和观看平台。哔哩哔哩通过独特的社区文化和氛围吸引了大量年轻用户，这些用户不仅喜欢观看短视频，还积极参与创作、评论和分享，形成了紧密的联系。

## 1.3 短视频创作人才的岗位职责与要求

短视频创作人才履行自己的岗位职责，熟练掌握相应的技能，可以有效提升短视频作品的质量。下面将详细介绍短视频创作人才的岗位职责与要求。

## 1.3.1　短视频创作人才的岗位职责

短视频创作人才的岗位职责涵盖了从创意策划到发布与运营等多个环节。

### 1．创意策划

创意策划包括主题构思和内容规划。主题构思是指根据短视频的目标用户、品牌形象或传播目的，挖掘有吸引力的主题。例如，针对年轻上班族的短视频账号，构思如"高效办公小技巧""上班族的解压方法"等主题。短视频创作人才要关注社会热点、行业趋势和大众兴趣点，将其融入主题构思，以提高短视频的关注度。

内容规划是指确定短视频的内容结构，包括开头如何吸引用户、中间内容的逻辑顺序和结尾的总结或引导互动，还要规划内容的风格，如搞笑、严肃、科普、文艺等，确保风格与主题和目标用户相匹配。

### 2．拍摄工作

短视频创作人才要熟练掌握摄像机、数码相机、手机等拍摄设备的基本操作方法，能够设置拍摄参数，根据不同的拍摄场景和需求，选择合适的镜头、滤镜和拍摄模式。具体到拍摄过程中，短视频创作人才要按照创意策划进行拍摄，保证画面的稳定、清晰且构图合理。例如，运用三分法、对称构图等技巧提升画面美感。

短视频创作人才要捕捉合适的镜头，包括特写、中景、远景等，以丰富短视频内容的视觉效果；控制拍摄节奏，根据短视频内容的需要调整拍摄速度，如使用慢动作或延时摄影来增强视觉冲击力。

### 3．后期制作

后期制作包括整理素材、剪辑短视频、处理音频、添加特效等操作。

（1）整理素材

整理素材包括对素材的筛选与整理，挑选出符合主题和创意的素材片段，对素材进行分类，如按照场景、人物、情节等分类，以便后期剪辑使用。

（2）剪辑短视频

剪辑短视频是指使用视频剪辑软件对素材进行剪辑，按照内容规划拼接素材，保证短视频的流畅性；进行短视频的剪辑节奏控制，如调整镜头的时长、添加转场效果等，以营造出合适的氛围。

（3）处理音频

处理音频是指为短视频添加合适的背景音乐、音效和旁白，确保音频与短视频内容相匹配，背景音乐的风格、节奏能够营造恰当的氛围。调整音频的音量平衡，保证旁白、音乐和音效之间的协调性，避免出现声音冲突或不清晰的情况。

（4）添加特效

添加特效应根据短视频内容和风格，制作并添加合适的视觉特效，如文字动画、滤镜调整、画面合成等。注意，不要过度使用特效，确保特效的使用有助于提升短视频的整体效果，而不是分散用户的注意力。

### 4．撰写文案

短视频创作人才要撰写吸引人的标题，在概括短视频内容的同时引起用户的好奇心。例如，使用悬念式标题"你绝对想不到的×××"或数字列举式标题"×××个×××的秘诀"。

短视频创作人才还要负责撰写文案，如短视频中的旁白、对话等，保证文案简洁、生动且符合短视频的风格和节奏。文案内容要准确传达短视频的核心信息，避免产生歧义或误导用户。

## 5．发布与运营

短视频创作人才要选择合适的平台发布短视频，并按照平台的要求设置短视频的标题、标签、封面等元素，以提高短视频的曝光率。短视频创作人才还可以随时监测短视频发布后的各项数据指标，如播放量、点赞数、评论数、转发数等；分析数据，了解用户的反馈和行为，如用户的观看时长、地域分布等；根据分析结果调整后续的创作策略。

## 1.3.2　短视频创作人才的技能要求

要想高效地履行自己所在岗位的职责，短视频创作人才就需要掌握相应的技能。短视频创作需要用到的技能主要有以下几种。

## 1．创意策划能力

短视频创作人才要能构思出新颖、有趣且符合目标用户喜好的主题和故事情节，包括设定短视频的目标、定位目标用户群体、规划短视频内容的结构和节奏等。

## 2．视频拍摄技能

短视频创作人才要熟悉不同拍摄设备的操作方法，如手机、相机等，掌握光线运用、构图法则、镜头语言等基础知识，能够拍摄出清晰、稳定、有美感的画面。

## 3．视频剪辑技能

短视频创作人才要熟练使用视频剪辑工具（如Premiere、剪映等）进行剪辑、调色、特效添加、字幕制作等后期制作工作，能够高效地将素材制作成流畅、有吸引力的短视频作品。

## 4．音频处理技能

短视频创作人才要了解音频录制、剪辑和混音的基本技巧，能够选择合适的背景音乐、音效和旁白，为短视频增添氛围和情感色彩。

## 5．文案写作能力

短视频创作人才要具备良好的文字功底，能够撰写吸引人的脚本、解说词或字幕旁白，能够进行短视频标题、描述和标签的优化，提高短视频作品在平台上的曝光度和搜索排名。

## 6．图片处理技能

短视频创作人才要能够利用专业的图像处理软件（如Photoshop、Canva等）对图片进行编辑、修饰和优化，包括但不限于裁剪图片、调整图片的亮度和对比度、应用滤镜和特效等。这些图片处理技能的应用可以增强短视频的视觉效果，丰富短视频内容，提升短视频对用户的吸引力。

## 7．数据分析能力

短视频创作人才要能利用平台提供的数据分析工具，分析短视频的观看量、点赞量、评论量等关键指标，了解用户反馈，根据数据分析调整创作策略，优化短视频内容。

## 1.3.3 短视频创作人才的素养要求

除了必备的职业技能，短视频创作人才还要具备良好的职业素养。这是保证创作达到优质水准的前提条件，也能促使短视频创作人才在激烈的竞争环境中脱颖而出，不断提升作品的质量。

简单来说，短视频创作人才需要具备以下素养。

### 1．创意思维

短视频创作人才要具备独特的创意思维，能够在短时间内将信息有效地传达给用户，通过短视频内容、表现形式等方面的创新，使作品脱颖而出。

短视频内容方面的创新主要是主题创新，不断挖掘新颖的主题，避免陷入老套和重复的内容模式。表现形式方面的创新主要是指尝试不同的拍摄手法、剪辑风格和特效运用，以创造出独特的视觉效果，或者探索新的内容呈现方式，如互动式短视频、虚拟现实（VR）或增强现实（AR）短视频等，为用户带来全新的观看体验。

### 2．审美能力

短视频创作人才要具备一定的审美能力，有良好的色彩感知和搭配能力，能够根据短视频的主题和情感氛围选择合适的色彩方案。例如，在一个温馨的家庭主题短视频中，使用暖色调来营造温馨的氛围；在一个科技感十足的短视频中，运用冷色调和高对比度的色彩搭配，突出科技的酷炫感。与此同时，要注重画面的构图和布局，遵循基本的构图原则，如三分法、对称构图等，能够根据实际情况进行灵活调整，使画面更加美观且富有吸引力。

短视频创作人才还要具备音乐审美能力，对背景音乐和音效有敏锐的感知力，能够选择与内容相契合的背景音乐和音效。背景音乐的风格、节奏要与短视频的主题和氛围相呼应，激发用户的情感共鸣。

### 3．学习能力

短视频行业发展迅速，新的拍摄设备、剪辑工具和特效技术不断涌现。短视频创作人才要保持学习热情，及时掌握这些新工具、新技术，提升自己的创作水平，并及时关注行业动态和趋势，了解最新的短视频创作理念和方法，不断更新自己的创作思路。

短视频的主题涵盖广泛，短视频创作人才要不断拓展自己的知识面，以便更好地创作出不同类型的短视频内容。例如，为了创作一个科普类短视频，短视频创作人才需要学习相关的科学知识，以确保内容的准确性和权威性。

短视频创作人才还要学习跨学科的知识和技能，如心理学、市场营销等，这样有助于更好地理解用户需求并进行内容推广。例如，运用心理学原理设计短视频的开头，吸引用户的注意力；了解市场营销策略，提高短视频的传播效果和影响力。

### 4．沟通协作能力

短视频创作人才的沟通协作能力分为与团队的沟通协作，以及与用户的沟通。短视频创作往往涉及多个环节和多个团队成员，如导演、摄影师、剪辑师、演员等，因此需要具备良好的沟通协作能力。短视频创作人才要尊重团队成员的意见和建议，善于倾听他人的想法，发挥每个人的优势，实现团队的协同效应。短视频创作人才还要善于了解用户的需求和反馈，积极与用户互动和沟通，通过回复用户的评论、私信与用户建立良好的关系，增强用户的黏性并提高忠诚度。

### 5．责任心与敬业精神

短视频创作人才要有较强的责任心，对自己的作品负责，严格把控短视频的内容质量。从创意策划到发布与运营，每一个环节都要精益求精，确保画面清晰、音频质量良好、内容准确无误。遵守法律法规和道德规范，不制作和传播违法、不良的内容。

短视频创作人才要有敬业精神，在规定的时间内完成短视频的创作任务，不拖延、不敷衍。面对困难和挑战时不轻易放弃，积极寻找解决办法，保证项目的顺利进行。

## 课堂实训：百雀羚品牌宣传短视频分析

### 1．实训背景

百雀羚作为国内知名的美妆品牌，通过抖音平台成功实现了销售增长。百雀羚根据年轻女性用户的需求，创作符合她们兴趣的护肤教程和产品评测短视频；与多名美妆达人合作，让他们使用和推荐产品，提高品牌可信度和曝光率；通过抖音挑战赛等活动，鼓励用户分享护肤经验和产品使用效果，增强用户的参与感和互动性。通过开展各种短视频营销活动，百雀羚显著提升了自己的品牌知名度，活动期间销售额迅速增长。

### 2．实训要求

在抖音平台搜索百雀羚发布的品牌宣传短视频，观看之后对这些短视频进行分析，总结这些短视频的特点和内容类型。

### 3．实训思路

（1）搜索百雀羚的品牌宣传短视频
在抖音平台或者其他社交媒体平台上搜索百雀羚发布的各种品牌宣传短视频，然后仔细观看。
（2）分析短视频的特点
分析这些短视频的特点，看有哪些短视频创意性较强，哪些短视频互动性强，这些短视频是否能打动你，是否会让你产生购买欲望。
（3）分析短视频的类型
分析这些短视频的类型，总结出常见的短视频类型，并与同学们讨论。

## 课后练习

1．简述短视频、中视频与长视频的区别。
2．简述短视频创作的常见误区。
3．在抖音或者快手等平台上搜索口播类、剧情类、Vlog类和剪辑类短视频，挑选出点赞量、评论量较多的短视频。分析这些短视频为什么可以获得较好的传播效果，而那些传播效果较差的短视频问题出在哪里。

第 **2** 章

短视频前期策划与准备

**学习目标**

➢ 了解创作团队的人员配置与分工。
➢ 掌握策划短视频选题的原则和方法。
➢ 了解短视频的内容类型与内容结构。
➢ 掌握短视频拍摄脚本的撰写方法。
➢ 了解常见的短视频拍摄场景和服装道具。

**本章概述**

短视频前期策划与准备是短视频创作的重要一环。前期策划可以明确目标与定位，挖掘出独特的创意点和视角，为拍摄和后期制作提供清晰的蓝图。明确的创意方向和后期制作规划有助于确保短视频质量符合预期，避免后期出现大量修改或重拍的情况。本章将详细介绍组建创作团队、策划选题、设计内容创意、撰写拍摄脚本，以及选择拍摄场景与准备服装道具等内容。

**本章关键词**

创作团队　策划选题　内容创意　拍摄脚本　拍摄场景
服装道具

# 2.1 组建创作团队

在短视频的前期策划与准备阶段，组建一个高效、协同的创作团队至关重要。一个优秀的创作团队能够明确每个人的职责，专业分工能够确保每个创作环节都得到专业的处理，从而提高整体的创作效率和质量。每个人都能在自己擅长的领域发挥最大效能，避免不必要的重复劳动和资源浪费。

## 2.1.1 创作团队的人员配置

创作团队的人员配置可以根据团队规模、项目需求、内容类型及预算等因素灵活调整。常见的人员配置模式如下。

### 1. 精简模式

精简模式的创作团队人员配置包括内容创作者和拍摄剪辑师。精简模式适合刚起步的创作者或预算有限的创作团队。在这种模式下，人员之间的沟通成本较低，能够快速响应并制作出短视频作品。

内容创作者负责短视频的创意构思、脚本撰写，以及出镜表演。内容创作者需要具有较强的创意能力和表达能力，能够把握当下的热点话题和用户喜好，创作出具有吸引力的选题。

拍摄剪辑师承担短视频的拍摄工作，包括选择合适的拍摄场景、运用不同的拍摄手法和角度进行拍摄等，同时负责后期的剪辑、调色、添加特效等，使短视频在视觉上更具吸引力。

### 2. 标准模式

标准模式的创作团队人员配置包括编导、摄影师、剪辑师、运营人员、演员。标准模式适用于有一定规模和发展需求的创作团队。这种模式分工明确，能够提高制作效率和短视频质量。

编导是团队中的核心创意人员，负责整体的内容策划、脚本创作、拍摄指导和后期审核。编导需要对短视频平台的规则和用户喜好有深入的了解，能够制定出有针对性的创作策略。

摄影师主要负责短视频拍摄，根据编导的要求选择合适的拍摄设备和参数，确保画面质量和拍摄效果。摄影师需要掌握不同的拍摄技巧，如构图、光影运用等。

剪辑师主要负责短视频的后期剪辑、特效添加、音频处理等。剪辑师要能将拍摄的素材进行合理的剪辑组合，突出短视频的重点和亮点。

运营人员主要负责短视频的发布、推广和粉丝互动，需要了解平台的推荐算法，制定有效的运营策略，提高短视频的曝光度。

演员主要负责表演脚本中的内容，用艺术化的表现手段来完成剧情演绎，吸引用户观看。

### 3. 专业模式

专业模式的创作团队人员配置包括创意总监、编剧团队、专业摄影师团队、后期制作团队、运营推广团队和艺人管理团队。专业模式适用于大型的短视频制作机构，或者有较高商业价值的项目。在这种模式下，创作团队具备强大的创作和运营能力，能够创作出高质量、影响力大的短视频作品。

创意总监主要负责把控整个团队的创作方向，提出创新性的内容主题和表现形式。创意总监要对市场趋势和用户需求有敏锐的洞察力，能够引领团队不断推出有影响力的短视频作品。

编剧团队由多名编剧组成，负责创作丰富多样的脚本内容。编剧团队可以根据不同的题材和风格进行分工，确保脚本的质量。

专业摄影师团队包括主摄、副摄、灯光师等。他们能够运用专业的拍摄设备和技术，打造出高质量的画面效果。

后期制作团队除了剪辑师，还可能包括特效师、动画师、调色师等。他们可以为短视频添加各种炫酷的特效和动画，提升短视频的视觉冲击力。

运营推广团队包括社交媒体运营、数据分析、商务合作等。他们负责全方位地推广短视频，扩大品牌影响力，并与其他品牌进行合作。

如果团队中有固定的出镜艺人，还需要艺人管理团队，主要负责艺人的形象塑造、日程安排和粉丝互动等。

## 2.1.2 创作团队的人员分工

创作团队通常基于各个人员的专业技能和职责范围进行分工，以确保整个创作过程的顺利进行和高效产出。下面以标准模式为例，介绍创作团队的人员分工。

### 1. 编导

编导的职责包括内容策划、脚本创作、拍摄指导和后期审核。

（1）内容策划：确定短视频的主题和风格，根据目标用户的需求和兴趣点策划选题。研究市场趋势和热门话题，为创作团队提供创作灵感。

（2）脚本创作：撰写详细的脚本，包括场景描述、对话内容、镜头切换等。确保脚本的逻辑性和连贯性，以及内容的吸引力和趣味性。

（3）拍摄指导：在拍摄现场指导摄影师和演员，确保拍摄工作按照脚本进行；对画面构图、光线运用、演员表演等方面提出要求。

（4）后期审核：审核剪辑后的短视频，提出修改意见，确保短视频质量符合要求；对短视频的整体效果进行把控，包括画面、音效、字幕等。

### 2. 摄影师

摄影师的职责包括拍摄准备、拍摄操作和素材管理。

（1）拍摄准备：根据脚本要求选择合适的拍摄设备和道具；进行场地考察，确定最佳拍摄角度和光线条件。

（2）拍摄操作：按照编导的要求进行拍摄，掌握不同的拍摄技巧，如构图、运镜、曝光等；确保画面稳定、清晰，色彩和光线效果良好。

（3）素材管理：对拍摄的素材进行整理和分类，方便后期剪辑；备份重要素材，防止数据丢失。

### 3. 剪辑师

剪辑师的职责主要包括素材筛选、剪辑制作和调色处理。

（1）素材筛选：从拍摄的素材中挑选出最精彩、最符合脚本要求的片段；对素材进行初步的整理和排序。

（2）剪辑制作：根据脚本和编导的要求进行剪辑，将不同的素材片段组合成一个完整的短视频；添加转场效果、字幕、音效等，增强短视频的观赏性。

（3）调色处理：对短视频进行调色，使画面色彩更加鲜艳、饱满，符合短视频的主题和风格。调整画面的亮度、对比度、饱和度等参数，提升画面质量。

### 4．运营人员

运营人员的职责主要包括平台管理、粉丝互动和数据分析。

（1）平台管理：负责短视频在各个平台的发布和管理，确保短视频能够按时上线；了解不同平台的规则和算法，制定相应的发布策略，提高短视频的曝光度。

（2）粉丝互动：回复粉丝的评论和私信，与粉丝进行互动，增强粉丝黏性；组织线上活动，如抽奖、问答等，提高粉丝的参与度。

（3）数据分析：分析短视频的播放量、点赞数、评论数等数据，了解用户的需求；根据数据分析结果，调整创作方向和运营策略。

### 5．演员

演员的职责主要包括表演呈现和形象塑造。

（1）表演呈现：根据脚本要求进行表演，展现出角色的性格特点和情感变化；与其他演员配合，完成剧情的演绎。

（2）形象塑造：注意自己的形象和仪表，符合角色的要求；根据短视频的主题和风格，进行适当的化妆和服装搭配。

## 2.2　策划选题

策划选题是确定短视频内容的第一步，它能够帮助创作者明确短视频的主题和风格。一个清晰、明确的短视频选题能够引导整个创作过程，确保短视频内容的一致性和连贯性。通过精心策划选题，创作者可以更加精准地定位目标用户，了解他们的兴趣、需求和偏好。这样创作出来的短视频更容易引起目标用户的共鸣，提高观看率并增强传播效果。

### 2.2.1　策划选题的原则

在短视频创作过程中，策划选题就是在选择内容赛道。不同的赛道有着不同的运营机制。但是，无论是选择什么领域，创作者都需要遵守以下原则。

#### 1．价值性原则

短视频内容要能为用户提供实际的价值，可以是知识、技能、经验、见解等。例如，美食短视频可以教用户如何制作一道美味的菜肴。

短视频要提供解决问题的方法。针对用户在生活、工作、学习等方面可能遇到的问题，创作者可以通过短视频给出解决方案。例如，一个家居整理短视频可以为用户提供整理房间的技巧，帮助他们解决做家务的问题。

短视频的价值还体现为娱乐性。为了让用户在观看过程中获得愉悦和放松，可以通过幽默、搞笑、创意等方式来增加短视频的趣味性，或者创作富有创意、想象力的短视频，为用户带来新奇的体验。

#### 2．垂直性原则

短视频的选题内容要与短视频定位有关，保证选题内容的垂直度。每次发布的短视频都要限定在同一个领域，这样才能精准吸引粉丝。提升创作者在专业领域的影响力，更有利于创作者塑造IP（知识产权），打造优质账号，增强粉丝黏性。如果短视频内容过于杂乱，创作者想发什么就发什么，粉丝就不精准，转化效果也会很差。

### 3. 目标性原则

短视频的选题内容要与目标用户相关，坚持用户导向，接地气，贴近用户，以用户需求为目标，千万不能脱离用户对于内容的需求。

换句话说，创作者在策划选题时应优先考虑用户的需求和喜爱度，这也是保证短视频播放量的重要因素。往往越是贴近用户的内容，越能得到他们的认可，从而提高短视频的完播率。

### 4. 独特性原则

在策划选题时，创作者要充分考虑自己的个人特点、兴趣爱好和专业领域，打造出具有独特个人风格的短视频内容。这样可以提升自己的辨识度，更好地吸引用户。创作者还要不断尝试新的表现形式和创作手法，突破传统的创作模式，展现出自己的创新能力。例如，旅游类短视频创作者可以采用无人机拍摄、延时摄影等特殊的拍摄手法，为用户带来全新的视觉体验。

对于常见的主题，创作者要善于从不同的角度进行挖掘和分析，找到新颖的切入点。这样可以让自己的短视频内容与众不同，激发用户的兴趣。例如，对于一个旅游景点，别人可能从风景优美的角度进行拍摄，若创作者可以从当地的历史文化、美食特色等角度展开，便可能创作出更具深度和内涵的短视频作品。

另外，创作者还要学会关注小众领域和特殊群体，创作一些鲜为人知的内容。例如，创作一个关于音乐家的短视频，介绍他们的音乐世界和生活故事。

### 5. 可行性原则

在策划选题时，创作者要充分考虑自己的创作能力和资源条件，确保自己有足够的时间、精力和技术水平来完成短视频的创作。例如，如果自己的拍摄和剪辑技术有限，就不要选择过于复杂的选题，以免无法达到预期的效果。

创作者要合理评估自己的知识储备和专业水平，选择自己熟悉和擅长的领域。这样可以保证短视频内容的质量和准确性。

创作者还要考虑完成选题所需的资源是否容易获取，包括拍摄场地、道具、演员等。如果资源难以获取，可能会影响短视频的创作进度和质量。例如，如果想创作一个户外探险的短视频，需要考虑是否有合适的拍摄场地和必要的装备。对于需要合作的选题，要确保能够找到合适的合作伙伴。例如，如果想创作一个音乐短视频，需要找到合适的音乐人和歌手进行合作。

## 2.2.2 策划选题的方法

策划选题的方法有很多，合理地运用这些方法，可以帮助创作者更好地吸引用户，提升内容的吸引力并增强传播效果。

策划选题的方法主要有以下几种。

### 1. 挖掘热门话题

创作者要时刻关注时事热点，及时了解当前的新闻热点、社会事件、流行文化等，将其与自己的短视频主题相结合，策划出具有时效性的选题内容。例如，当某个热门电影上映时，创作者可以策划并制作一个关于该电影的影评短视频。

创作者可以利用社交媒体平台、新闻网站等渠道关注热门话题的变化趋势，通过搜索关键词、查看热门话题榜单等方式了解当前用户都在关注什么。

## 2．分析竞争对手

创作者要研究同类型的短视频账号，了解他们的热门选题和内容风格，分析他们的成功和不足之处，并从中吸取经验与教训。例如，观察他们的短视频播放量、点赞数、评论数等数据，了解哪些选题受到了用户的欢迎。

> 💡 **小技巧**
>
> 创作者不能完全模仿竞争对手的热门内容，而是要寻找差异化的选题方向，尝试从不同的角度、形式或风格来策划选题，以突出自己的特色。例如，当竞争对手的账号发布的一篇美食制作教程成为爆款时，创作者可以策划并制作一个与该美食相关的文化探索短视频。

## 3．建立选题素材库

一个持续更新的短视频选题素材库可以源源不断地为创作者提供选题素材和创作灵感，帮助创作者持续输出短视频内容，形成长期、稳定的内容输出模式。

因此，创作者要建立一个选题素材库，记录自己想到的选题、灵感来源及竞争对手的优质选题等，这有助于在创作时快速找到适合自己的选题方向。搭建选题素材库并不是一朝一夕可以完成的，而是一个需要不断积累和沉淀的过程。创作者在浏览平台推荐的爆款短视频时，或者发现同领域账号数据很好的优质短视频时，都可以将其筛选出来，归类到素材库中，提炼出选题关键词。

另外，创作者也要定期对选题素材库进行复盘和整理，分析哪些选题受到用户的欢迎和喜爱，哪些选题表现平平。通过复盘和总结，可以不断优化选题策略，提升选题质量。

## 4．通过关键词联想找选题

创作者可以对行业、产品、服务等核心关键词进行发散，联想出不同的选题方向，再匹配目标用户的痛点关键词，从而确定适合创作的最佳选题。例如，母婴领域的关键词可以延伸出辅食教程、找月嫂攻略、育儿经验、亲子互动游戏、母婴好物推荐等；健身领域的关键词可以延伸出有氧、无氧、减脂操、减脂餐、健身器材、室内健身、室外健身等。

通过关键词联想的方式找选题，不仅可以缓解选题焦虑，还能有效地获取目标用户。

## 5．与粉丝互动找选题

创作者可以通过主页简介、评论区置顶等位置邀请粉丝私信投稿，或者通过短视频发起挑战，激发粉丝的参与欲望，并从投稿中筛选合适的选题。

创作者还可以通过关注爆款的短视频作品，以及评论区点赞数最高的前10条评论内容，挖掘出粉丝最关心的话题，将其变成下一期的选题。这种通过互动方式筛选出的选题不仅可以提高短视频的互动率，还更容易获得粉丝的认同感。

## 6. 利用 AI 工具策划选题

创作者还可以使用AI（人工智能）工具来策划选题，只需输入提示词，向AI工具提出策划选题的具体要求，就可以快速获得选题思路。例如，一名读书博主近期阅读《纳瓦尔宝典》，他想发布一条与这本书有关的书评短视频，但短视频平台上关于这本书的书评太多了，如何确定选题，让自己的短视频脱颖而出，这就是一件值得思考的事情。

读书博主可以使用AI工具豆包，输入以下提示词："你是一名读书博主，想要发布一条与《纳瓦尔宝典》相关的书评短视频，以公司职员的角色，结合怎样做副业的相关主题，生成5个不同的选题，以及写作思路，要求有说服力，能呈现出痛点，有成为爆款的潜质。"豆包便可以生成图2-1所示的选题及写作思路。

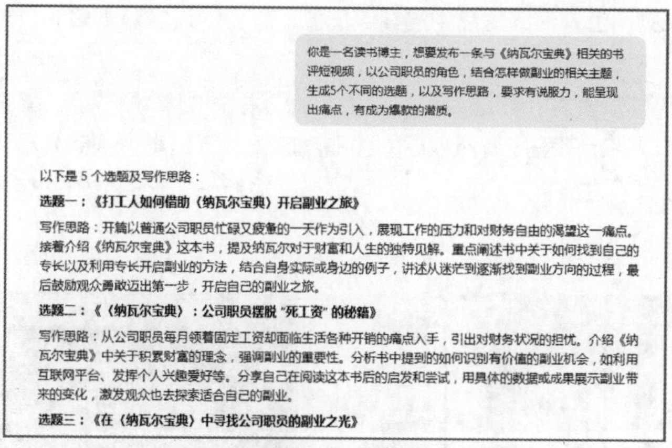

图2-1　豆包生成的选题及写作思路

**素养小课堂**

在科技发展日新月异的时代，我们要培养工具意识，紧跟时代发展步伐，善于学习新事物，掌握新工具，在追求效率与创新的道路上突破自我限制。旧有的工具或方法可能在过去有效，但随着时间的推移，它们可能变得低效、过时。因此，我们要敢于尝试新事物，用发展的眼光看待问题，不断寻求更优的解决方案。

# 2.3　设计内容创意

在确定选题后，创作者要根据选题和目标用户的需求设计一个创意框架。这个框架包括短视频的主题、核心内容、表现形式、时长等方面的规划，然后在此基础上进一步挖掘具体的创意点，而所有创意点都要落到内容类型和内容结构上。创作者要在这两者的基础上发挥自己的主观能动性。

## 2.3.1　短视频的内容类型

短视频平台上的内容类型繁多，涵盖娱乐、教育、生活、科技等多个领域。这为创作者提供了广阔的创作空间，使他们能够根据自己的兴趣和特长，选择合适的内容类型进行创作。不同类型的内容对创意有不同的要求，这种差异性要求创作者在不同类型的内容创作中灵活运用创意元素，以满足用户的需求。另外，随着创意的不断涌现，短视频的内容类型也在不断发展，一些传统的内容类型融入了新的创意元素和表现手法，进而焕发出新的生机和活力。

总体来看，短视频的内容类型主要有以下几种。

## 1. 娱乐类

娱乐类短视频的内容主要包括搞笑段子、音乐舞蹈、影视剪辑等类型。

（1）搞笑段子

搞笑段子通常以幽默诙谐的语言和表演呈现各种有趣的场景和故事，常常能让人捧腹大笑，如图2-2所示。创作者通过夸张的表情、动作和巧妙的台词设计，营造出轻松、愉快的氛围。例如，一些创作者会模仿不同的人物角色，演绎生活中的搞笑情景，或者通过创意剪辑制作搞笑的动画短片。

（2）音乐舞蹈

音乐舞蹈包括各种音乐表演、舞蹈展示，以及与音乐相关的创意内容。音乐类短视频可以是歌手演唱、乐器演奏，也可以是音乐爱好者对歌曲的翻唱或改编。舞蹈类短视频则涵盖了不同风格的舞蹈，如街舞、拉丁舞、民族舞、古典舞（见图2-3）等。舞者们通过精彩的舞蹈动作和富有感染力的表演吸引用户的目光。

图2-2　搞笑段子　　　　　　　　　图2-3　古典舞

（3）影视剪辑

创作者对电影、电视剧、动漫等影视作品进行剪辑和二次创作，制作出精彩的片段集锦、剧情解说、角色混剪等内容。例如，将一部热门电影的精彩片段剪辑在一起，配上激昂的音乐，打造出震撼的视觉效果；或者对一部复杂的电视剧进行剧情梳理和解说，帮助用户更好地理解剧情。

## 2. 生活类

生活类短视频的内容主要包括美食烹饪、家居装饰、宠物日常等。

（1）美食烹饪

美食烹饪类短视频主要展示各种美食的制作过程和烹饪技巧，从家常菜到高级料理，从传统美食到创意美食，满足用户的烹饪需求，如图2-4所示。美食博主会详细介绍食材的选择、烹饪步骤和注意事项，帮助用户在家中制作美味佳肴。同时，美食烹饪类短视频还很注重画面的美感，通过精美的摆盘和拍摄手法，让食物看起来更加诱人。

（2）家居装饰

家居装饰类短视频主要分享家居布置、装修设计、收纳整理等方面的经验和技巧。例如，展示不同风格的家居装饰案例，介绍如何选择家具、装饰品，以及如何进行空间规划和色彩搭配，还包括一些实用的收纳技巧，帮助用户解决家居装饰类问题。

（3）宠物日常

宠物日常类短视频主要记录宠物的可爱瞬间、搞笑行为和生活趣事，这类短视频可以让人们感受到宠物的温暖和陪伴（见图2-5），同时也能分享一些宠物养护的知识和经验。例如，拍摄宠物玩耍、睡觉、撒娇的可爱画面，或者分享宠物训练、美容、健康护理等方面的知识。

图2-4 美食烹饪　　　　　图2-5 宠物日常

## 3. 知识类

知识类短视频的内容主要包括科普教育、技能教学和语言学习等。

（1）科普教育

科普教育类短视频是以通俗易懂的方式（如动画、实验演示、实地考察等）讲解各种科学知识、历史文化、自然地理等内容，将复杂的知识变得生动有趣，从而拓宽用户的知识面，如图2-6所示。

（2）技能教学

技能教学类短视频主要传授各种实用技能，如绘画、手工制作、摄影技巧、编程教程等。用户可以通过观看这些短视频学习新的技能，提升自己的能力。技能教学类短视频通常会详细讲解每个步骤的操作方法，并提供一些实用的建议和技巧。例如，绘画教程可能会从素描基础开始，逐步讲解如何构图、上色、表现光影等，如图2-7所示。

（3）语言学习

语言学习类短视频提供学习语言的方法和资源，包括英语、日语、韩语等热门语言。语言学习类短视频内容可以是单词讲解、语法分析、口语练习等。例如，通过有趣的情景对话展示日常用语的使用方法，或者讲解一些语言学习的技巧和策略，帮助用户提高语言水平。

图2-6 科普教育　　　　　　　　图2-7 绘画教程

## 4. 时尚类

时尚类短视频的内容主要包括美妆教程、时尚穿搭等。

（1）美妆教程

美妆教程类短视频主要展示化妆的步骤和技巧，包括日常妆容、舞台妆、特效妆等。美妆博主们会借短视频分享自己的化妆心得，或者推荐产品，帮助用户提升化妆技能。例如，从底妆的选择和涂抹方法开始，逐步讲解眼妆、唇妆、腮红等部分的化妆技巧，同时介绍一些好用的化妆品。

（2）时尚穿搭

时尚穿搭类短视频主要分享时尚潮流资讯、穿搭技巧和服装搭配方案。时尚博主会根据不同的季节、场合和个人风格，为用户提供时尚灵感。例如，展示不同风格的服装搭配（见图2-8），如休闲风、职场风、复古风等，介绍一些时尚单品和搭配技巧，以及时尚活动的报道和时尚达人的访谈等。

## 5. 商业类

商业类短视频的内容主要包括产品评测和品牌推广等。

（1）产品评测

产品评测类短视频主要对各种产品进行客观的评测和分析，包括电子产品、家居用品、美妆产品等，帮助用户了解产品的性能、质量和优缺点，为用户的购买决策提供参考。

产品评测类短视频通常会从产品的外观、功能、使用体验等方面进行详细介绍，并与其他同类产品进行比较。例如，对一款手机产品进行评测，包括外观设计、屏幕显示、性能测试、拍照效果等方面的内容，如图2-9所示。

（2）品牌推广

品牌推广类短视频主要展示产品特色、品牌文化和企业形象，且通常具有较高的制作水平和创意性，以吸引用户的关注。

品牌推广类短视频经常采用故事化的手法讲述品牌的发展历程和价值观，或者通过精彩的广告片形式展示产品的优势和魅力，还可以结合热点话题与用户互动，提升品牌的知名度和美誉度。

图2-8　服装穿搭

图2-9　产品评测

## 2.3.2　短视频的内容结构

在短视频创作过程中，明确其内容结构是至关重要的。内容结构是短视频的灵魂，是用户是否愿意观看的关键因素。合理的内容结构可以促使用户更好地理解短视频内容，产生心理共鸣，甚至在观看短视频的过程中产生情感共鸣。

短视频的内容结构一般分为开头、主体和结尾3个部分。

### 1．开头

短视频的开头部分可以给用户留下第一印象。好的开头可以迅速吸引用户的注意力，让他们产生继续观看的兴趣。

常见的开头方式有提问式、悬念式、故事式等。例如，以一个引人深思的问题开头，"你知道如何在一周内快速提升自己的英语水平吗？"这样的提问能够引发用户的好奇心；或者通过讲述一个简短而有趣的故事将用户带入特定的情境，为后续内容做铺垫。

### 2．主体

主体部分是短视频的核心部分，需要清晰地阐述核心内容，让用户对短视频有一个全面、深入的理解。

常见的主体呈现方式有讲述式、分析式、演示式等。如果是知识分享类短视频，可以采用讲述式，有条理地讲解知识点；对于一些需要深入剖析的话题，可以运用分析式从不同角度进行解读；产品介绍或技能展示类的短视频则适合采用演示式，让用户更直观地了解相关内容。此外，主体部分还可以适当加入一些案例、数据、对比等元素，以增强内容的可信度和吸引力。

### 3．结尾

结尾部分是短视频的收尾，要给用户留下深刻的印象，能够起到内容总结、升华主题的作用。

常见的结尾方式有总结式、强调式、呼吁式等。总结式结尾可以简要回顾短视频的主要内容，帮助用户梳理重点；强调式结尾可以再次突出短视频的核心观点或关键信息，以加深用户的印象；呼吁式结尾则是通过提出行动建议、号召用户参与等方式，增强用户的互动性和参与感。例如，一个环保主题的短视频在结尾可以呼吁用户从自身做起，减少一次性用品的使用，共同保护环境。

# 2.4　撰写拍摄脚本

脚本是指表演戏剧、拍摄电影等所依据的底本。短视频的拍摄脚本则是指拍摄短视频所依据的大纲底本，是短视频内容的大纲。在拍摄短视频前，创作者要在短视频拍摄脚本中确定短视频的整体框架。

短视频的拍摄脚本为后续的拍摄提供了一个精细的流程指导，拍摄时只需顺着这个流程往下走，就能快速完成拍摄，提升工作效率。一般来说，短视频的拍摄脚本分为3种，分别是拍摄提纲、文学脚本和分镜头脚本。

## 2.4.1　拍摄提纲的撰写

拍摄提纲是为一部影片或某些场面制订的拍摄要点，只对拍摄内容起提示作用，适用于一些不容易掌控和预测的内容，如纪录片、人物访谈、Vlog等。创作者在拍摄过程中的发挥空间比较大，但拍摄提纲对后期剪辑的指导作用较小。

拍摄提纲的撰写分为确定主题、预设情景、搜集信息、列出提纲4个步骤。其中，确定主题时要明确做什么类型的短视频，要向目标用户传达什么，如美食探店；预设情景时要明确拍摄的具体内容，明确要让用户看到什么，如拍摄餐厅排队情况、吃播、餐厅周边环境等；搜集信息是指创作者明确自己要说什么，即口播稿的内容，创作者要提前搜集店铺周边的信息，如交通是否方便、与相似店家的对比等；列出提纲要给出必须拍的关键场景或元素，但不要过于具体，以保持灵活性，这样在实际拍摄过程中可以根据情况进行调整和发挥。

创作者还可以添加备注栏，用于记录一些特殊情况、备用方案的说明、可能遇到的问题及解决方法等。例如，如果拍摄地点交通不便，备注中可以说明备用的交通方案和可能影响拍摄进度的情况等。

## 2.4.2　文学脚本的撰写

与拍摄提纲相同的是，文学脚本的细致程度也不高，适用于不需要剧情的短视频创作，如教学类、测评类等。文学脚本只规定人物需要做的任务、说的台词、选用的镜头和短视频的时长。

下面以AI工具豆包为例，介绍如何使用AI工具撰写文学脚本，可以参考这个通用的公式：文学脚本=明确创作目标+描述背景+明确输出要求+调优改进。

明确创作目标：创作一条短视频。

描述背景：描述与文学脚本相关的信息，如所处内容领域、目标用户、短视频主题等。

明确输出要求：明确对该文学脚本的内容有何具体要求，如风格（专业、轻松、温暖）、时长、视频形式（口播、Vlog、二次创作）等。

基于以上3个步骤，如果要撰写一个美食类的文学脚本，可以输入提示词："我是一名短视频自媒体美食博主，现在要做一期视频节目（明确创作目标）。我想吸引注重饮食健康的白领人群，主题是'专为白领定制的减脂餐，好吃、健康又不贵'（描述背景）。视频形式为口播，发布在抖音平台，视频画面主要是我一个人口播讲解，并适当穿插一些食材搭配、食物成品等图片，视频时长不超过2分钟。要求脚本文案的文字简洁明了，可以吸引精准目标用户（明确输出要求）。请根据以上信息帮我生成一篇文学脚本。"

豆包生成的文学脚本如图2-10所示。

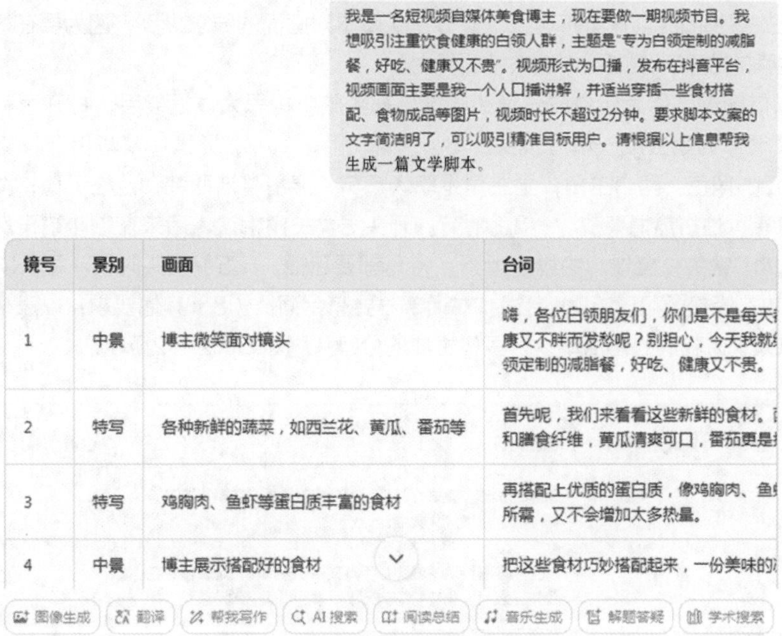

> 我是一名短视频自媒体美食博主，现在要做一期视频节目。我想吸引注重饮食健康的白领人群，主题是"专为白领定制的减脂餐，好吃、健康又不贵"。视频形式为口播，发布在抖音平台，视频画面主要是我一个人口播讲解，并适当穿插一些食材搭配、食物成品等图片，视频时长不超过2分钟。要求脚本文案的文字简洁明了，可以吸引精准目标用户。请根据以上信息帮我生成一篇文学脚本。

| 镜号 | 景别 | 画面 | 台词 |
|---|---|---|---|
| 1 | 中景 | 博主微笑面对镜头 | 嗨，各位白领朋友们，你们是不是每天都……康又不胖而发愁呢？别担心，今天我就给……领定制的减脂餐，好吃、健康又不贵。 |
| 2 | 特写 | 各种新鲜的蔬菜，如西兰花、黄瓜、番茄等 | 首先呢，我们来看看这些新鲜的食材。……和膳食纤维，黄瓜清爽可口，番茄更是… |
| 3 | 特写 | 鸡胸肉、鱼虾等蛋白质丰富的食材 | 再搭配上优质的蛋白质，像鸡胸肉、鱼虾……所需，又不会增加太多热量。 |
| 4 | 中景 | 博主展示搭配好的食材 | 把这些食材巧妙搭配起来，一份美味的减… |

🖼 图像生成　🌐 翻译　✍ 帮我写作　🔍 AI搜索　📄 阅读总结　🎵 音乐生成　📚 解题答疑　🎓 学术搜索

**图2-10　豆包生成的文学脚本**

因为文学脚本只规定人物需要做的任务、说的台词、选用的镜头和短视频的时长，豆包给出的回答有一些不太符合文学脚本的格式要求，同时脚本中制作美食的部分过于简略，这时可以进入第4步——调优改进。参考提示词以及豆包给出的回答，如图2-11所示。

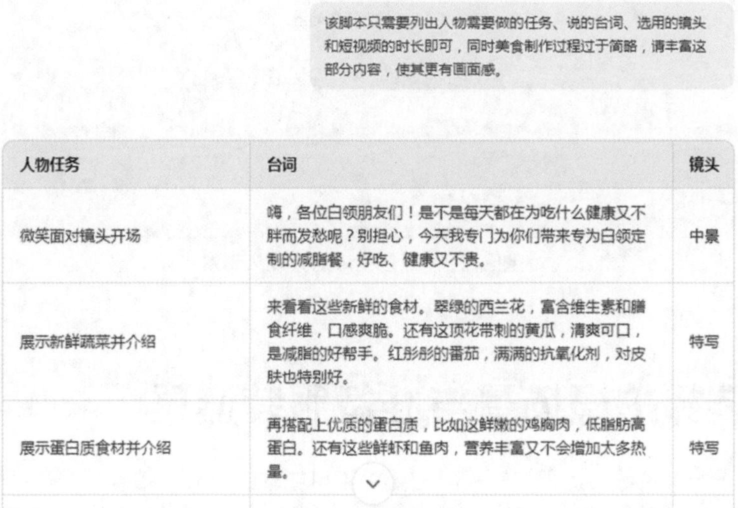

> 该脚本只需要列出人物需要做的任务、说的台词、选用的镜头和短视频的时长即可，同时美食制作过程过于简略，请丰富这部分内容，使其更有画面感。

| 人物任务 | 台词 | 镜头 |
|---|---|---|
| 微笑面对镜头开场 | 嗨，各位白领朋友们！是不是每天都在为吃什么健康又不胖而发愁呢？别担心，今天我专门为你们带来专为白领定制的减脂餐，好吃、健康又不贵。 | 中景 |
| 展示新鲜蔬菜并介绍 | 来看看这些新鲜的食材，翠绿的西兰花，富含维生素和膳食纤维，口感爽脆。还有这顶花带刺的黄瓜，清爽可口，是减脂的好帮手。红彤彤的番茄，满满的抗氧化剂，对皮肤也特别好。 | 特写 |
| 展示蛋白质食材并介绍 | 再搭配上优质的蛋白质，比如这鲜嫩的鸡胸肉，低脂肪高蛋白。还有这些鲜虾和鱼肉，营养丰富又不会增加太多热量。 | 特写 |

**图2-11　参考提示词以及豆包给出的回答**

### 2.4.3  分镜头脚本的撰写

分镜头脚本适用于故事性强的短视频，将文字转换成可以用镜头直接表现的画面。分镜头脚本包括镜号、景别、时长、画面内容、台词、音效等。

分镜头脚本一定程度上已经是"可视化"影像了，它能最大程度地保留创作者的创作初衷，因此对于想表达一定故事情节的创作者不可或缺。分镜头脚本对画面的要求极高，因为要在极短的时间内展现出一个情节性强的故事，所以创作起来耗时耗力。

创作者可以借助AI工具豆包生成分镜头脚本，在头脑中构思大体框架后，打开豆包，在对话框中输入提示词："请你为我生成一篇分镜头脚本。要求如下：（1）场景：繁华街道，霓虹灯闪烁，人群熙熙攘攘。（2）角色：两个主角，男主角是职场精英，穿着整洁西装，性格沉稳；女主角是自由职业，富有艺术气息，性格热情奔放。（3）情节：开头男女角相遇，后来在咖啡馆再次相遇，最后双方互有好感。（4）镜头：全景、中景、近景、特写都要包括。（5）镜头时长：每一次镜头的时长要合适。（6）音效：轻松柔和。（7）台词：对话部分要有台词。（8）其他要求：以表格形式展示，注意彰显细节，以体现人物的心理活动。"豆包生成的分镜头脚本如图2-12所示。

| 镜号 | 景别 | 时长 | 画面内容 | 台词 |
|---|---|---|---|---|
| 1 | 全景 | 8s | 繁华的街道，霓虹灯闪烁，人群熙熙攘攘。车辆川流不息，街边店铺灯火辉煌。 | 无 |
| 2 | 中景 | 5s | 男主角穿着整洁的西装，手持文件，表情沉稳地快步走在街上。女主角穿着富有艺术气息的长裙，蹦蹦跳跳，眼神好奇地四处张望。 | 无 |
| 3 | 近景 | 3s | 男主角不小心撞到了女主角，文件散落一地。男主角一脸歉意，女主角先是惊愕，随后有些生气。 | 男主角：对不…<br>女主角：你怎… |
| 4 | 特写 | 2s | 男主角捡起文件时，手有些颤抖，显示出他的紧张。女主角的脚边有一个独特的艺术挂饰。 | 无 |
| 5 | 中景 | 5s | 男主角整理好文件，再次诚恳道歉。女主角看到男主角真诚的眼神，表情缓和了一些。 | 男主角：真的…<br>女主角：算了… |
| 6 | 全景 | 3s | 两人各自离开，走向不同的方向。 | 无 |
| 7 | 全景 | 8s | 一家温馨的咖啡馆内，…是很多，灯光柔和。 | 无 |

图2-12  豆包生成的分镜头脚本

## 2.5  选择拍摄场景与准备服装道具

选择拍摄场景与准备服装道具是短视频拍摄中不可或缺的环节。拍摄场景和服装道具能够为短视频拍摄营造氛围、突出主题、塑造角色、增强表现力，提升视觉美感和趣味性，从而提高短视频的拍摄质量和吸引力。

## 2.5.1　拍摄场景的选择

合适的拍摄场景可以为短视频提供丰富的视觉元素，增强短视频画面的吸引力，而且与短视频主题相关的场景可以让用户更好地理解短视频的内容和意图。拍摄场景还可以为角色和故事提供背景和环境，帮助塑造角色的性格和情感。不同的场景可以给角色带来不同的感受和反应，从而丰富故事的情节和发展。因此，创作者要精心选择短视频的拍摄场景。

### 1．常见的短视频拍摄场景

常见的短视频拍摄场景包括自然景观、城市夜景、室内空间、街头巷尾、文化遗址、体育场馆、艺术展览馆、特色建筑等，如表2-1所示。

表 2-1　常见的短视频拍摄场景

| 拍摄场景 | 具体说明 |
|---|---|
| 自然景观 | 大自然的壮丽景色可以给人以美的享受，同时营造出宁静、和谐的氛围，如山水、草原、海滩等 |
| 城市夜景 | 城市夜景给人以繁华、时尚的感觉，尤其是繁华的商业区、摩天大楼，是表现都市生活和城市魅力的极佳选择 |
| 室内空间 | 咖啡馆、书房、办公室等室内空间适合展示人物情绪、日常生活和工作的状态，营造温馨、舒适的氛围 |
| 街头巷尾 | 街头巷尾的人物、建筑和街头艺术可以为短视频增添一份生活气息和真实感，呈现出生活的多样性 |
| 文化遗址 | 文化遗址象征着历史和传统的积淀，可以为短视频营造一种古老、神秘的氛围，如寺庙、城堡、古镇等 |
| 体育场馆 | 体育场馆拥有独特的建筑设计和特殊的氛围，可以为短视频带来活力、动感和竞技感，如足球场、篮球馆、赛车场等 |
| 艺术展览馆 | 艺术展览馆展示了多种多样的艺术作品，不仅为短视频提供了别具一格的视觉感受，还通过艺术作品反映社会和人性的多重层次 |
| 特色建筑 | 特色建筑拥有鲜明的地域特点和独特的外观，可以为短视频增添一份独特的风情，如传统建筑、现代建筑、特色建筑等，都能为短视频带来视觉上的冲击 |

### 2．选择拍摄场景

在选择短视频的拍摄场景时，创作者需要考虑以下几个方面。

（1）场景的美观性和吸引力

美观性和吸引力是选择拍摄场景时的重要因素。颇具吸引力的场景能够吸引用户的注意力，提升短视频的观看体验。

（2）场景的可控性和安全性

在选择场景时，创作者需要考虑其可控性和安全性。一些公共场所可能存在噪声、来往行人等干扰因素，而野外拍摄则需要对天气、动物等情况进行充分考虑，确保拍摄过程中人员和设备的安全。

（3）光线与天气

光线和天气对拍摄效果有着重要的影响。在选择拍摄场景时，创作者要考虑光线是否适合拍摄，以及天气变化对拍摄效果的影响。例如，在户外拍摄时，可以选择在光线柔和的早晨或傍晚进行拍摄。

（4）版权和法律问题

在选择拍摄场景时，创作者要注意版权和法律问题，避免侵犯他人的IP或违反相关法律法规。如果需要拍摄特定场景或建筑物，请确保事先获得相关许可或支付相应费用。

> **知识提示**
>
> 在选择拍摄场景时，可以选择具有创意和独特性的场景，如废弃工厂、艺术装置等，为短视频增添新意和亮点；也可以进行差异化表达，通过不同的拍摄角度、构图方式等来展现场景的独特魅力，使短视频在诸多作品中脱颖而出。

## 2.5.2 服装道具的准备

在短视频拍摄前，准备服装道具是至关重要的一步，它直接关系到短视频内容的呈现效果和用户的观看体验。

### 1. 服装方面

在服装方面，创作者要做的准备涉及以下几个方面。

（1）主题服装

创作者要根据短视频的主题和内容来选择服装，确保服装与短视频的主题相契合，能够突出短视频的重点和氛围。例如，如果是特定历史时期的主题，则要准备相应时代的服装，包括长袍、马褂、旗袍等。这些服装要符合历史，在材质、款式和颜色上都要精心挑选。

（2）服装颜色搭配

创作者要根据短视频的整体色调和氛围选择服装颜色。如果短视频是清新自然的风格，可以选择淡蓝色、淡绿色、米色等柔和的颜色；如果是热烈活泼的风格，可以选择红色、黄色、橙色等鲜艳的颜色。

创作者还要注意服装颜色与拍摄场景的协调性，避免颜色冲突。例如，在绿色的森林中拍摄时，应避免穿着与背景颜色过于接近的绿色服装。

（3）服装材质选择

创作者要根据拍摄场景和季节因素选择服装材质。如果是在夏天拍摄户外场景，可以选择轻薄透气的棉质或麻质服装；如果是在冬天拍摄，可以准备保暖的羽绒服、毛衣等。对于一些需要特殊效果的短视频，如科幻主题，可以选择有光泽感或金属质感的服装材质，以增强科技感。

### 2. 道具方面

在道具方面，创作者要做的准备涉及以下几个方面。

（1）服务主题的道具

创作者要根据短视频的主题准备相关道具。例如，拍摄美食主题的短视频时，可以准备各种美食道具，如餐具、食材、烹饪工具等；拍摄音乐主题的短视频时，可以准备乐器、音响设备、乐谱等。

对于故事性较强的短视频，道具可以帮助推动情节发展。例如，在一个爱情故事中，可以准备情书、鲜花、礼物等道具。

（2）营造氛围的道具

创作者要选择一些能够营造特定氛围的道具。例如，拍摄温馨家庭主题的短视频时，可以准备沙发、抱枕、地毯等道具，营造舒适、温暖的氛围。此外，创作者也可以利用灯光道具来营造拍摄场景的氛围，如彩色灯泡、蜡烛可以营造浪漫氛围，聚光灯可以突出重点等。

（3）辅助拍摄的道具

创作者还要准备一些辅助拍摄的道具，如三脚架、稳定器、话筒等，确保拍摄过程的画面稳定和声音的清晰自然。对于需要特殊拍摄效果的短视频，可以准备遮光罩、反光板等道具，以提升画面质量。

## 课堂实训：瑞幸咖啡短视频营销分析

### 1. 实训背景

瑞幸咖啡在短视频营销上做出了多项创新且富有成效的活动。这些活动不仅提升了品牌曝光度，还增强了用户参与度并提高了消费转化率。例如，瑞幸咖啡在短视频平台上发布了一系列创意短视频，内容涵盖产品介绍、制作过程、用户体验等多个方面。这些短视频以生动有趣的方式展现出瑞幸咖啡的产品特色，增强了用户的购买欲望。瑞幸咖啡还善于利用热点话题和节日氛围创作相关短视频内容，提升品牌的关注度和讨论度。

另外，瑞幸咖啡在短视频平台上发起话题挑战赛和UGC（User Generated Content，用户生成内容）活动，鼓励用户创作与品牌相关的短视频内容，并设置奖励机制，激发用户的参与热情。这些活动不仅提升了用户的互动性和参与感，还通过UGC扩大了品牌的传播范围。

### 2. 实训要求

在短视频平台上搜索瑞幸咖啡发布的短视频，拆解并分析这些短视频的选题、内容创意、拍摄脚本、拍摄场景和服装道具，以加深对本章知识的理解。

### 3. 实训思路

（1）搜索并观看瑞幸咖啡的短视频

在短视频平台上搜索瑞幸咖啡的短视频，并仔细观看其热门短视频。

（2）拆解短视频选题

分析瑞幸咖啡的短视频选题具有哪些特点，是否符合策划选题的原则。

（3）拆解短视频的内容创意

分析瑞幸咖啡的短视频都有哪些内容类型，内容结构是如何安排的。

（4）拆解拍摄脚本

挑选一条喜欢的短视频进行拆解，分析其拍摄脚本的结构，然后根据自己的理解，使用AI工具为瑞幸咖啡撰写一个拍摄脚本。

（5）分析短视频的拍摄场景和服装道具

分析瑞幸咖啡的短视频都选择了哪些拍摄场景和服装道具，这些拍摄场景和服装道具对短视频的拍摄起到了什么作用。

## 课后练习

1. 简述策划短视频选题的原则。

2. 在拍摄短视频时，选择拍摄场景需要考虑哪些方面？

3. 假设你是一名美食类短视频博主，你在策划短视频选题时会如何做？你会优先选择什么内容类型？请参考短视频平台上的热门美食短视频，模仿其风格和内容结构撰写一个短视频拍摄脚本。

第 **3** 章

# 短视频拍摄基础技法

## 学习目标

> 了解景深、快门与曝光。
> 掌握设计与运用拍摄角度的方法。
> 掌握画面构图的方法。
> 掌握光的类型和基本要素。
> 掌握拍摄短视频的运镜方法。
> 掌握镜头组接与转场的方法。

## 本章概述

　　想要拍摄出优秀的短视频作品并非易事，从景深、快门、曝光的了解，到景别、角度、光线、构图的灵活运用，再到镜头组接、运镜技巧与创意转场，每一个环节都至关重要。本章将引领读者深入学习短视频拍摄基础技法，从基础的光影运用到镜头语言的巧妙编织，开启短视频创作之旅。

## 本章关键词

景深　拍摄角度　画面构图　拍摄光线　运动镜头
镜头组接与转场

# 3.1 认识景深、快门与曝光

在短视频拍摄中，景深用于塑造层次，快门用于捕捉瞬间，曝光用于平衡光影。它们不仅直接影响着画面的质量，也决定了观众对内容的感受与理解。

## 3.1.1 景深

景深是指在拍摄时能够保持清晰对焦的范围。景深分为浅景深和深景深。浅景深的画面主体清晰而背景和前景模糊，能够突出画面主体并营造艺术感等；深景深的画面大部分区域清晰，适合展现宏大的场景或者让观众看清多个物体。景深的大小并不是固定不变的，而是受到光圈、焦距以及拍摄距离的共同影响。

### 1. 光圈与景深

通常情况下，光圈值为f/1.2～f/4时，称之为大光圈；光圈值为f/4～f/8时，称之为中等光圈；光圈值为f/8～f/32时，称之为小光圈，如图3-1所示。大光圈会使景深变浅，小光圈会使景深变深。因为使用大光圈时镜头进光量多，聚焦主体会使背景和前景虚化；使用小光圈时镜头进光量少，可以让更多区域清晰成像。例如，拍摄人像时可以采用大光圈获得浅景深，以突出人物形象；拍摄风景时可以采用小光圈获得深景深，以展现广阔的视野和丰富的景物。

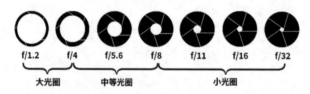

图3-1 光圈

### 2. 焦距与景深

短焦距（广角镜头）通常产生深景深，能够纳入更多的场景，使前景、中景和背景相对清晰。与短焦距相反，长焦距（长焦镜头）容易产生浅景深，会压缩空间使背景更近且模糊，从而突出主体。

### 3. 拍摄距离与景深

拍摄距离越近，景深越浅；拍摄距离越远，景深越深。当靠近主体时，背景更容易虚化，从而突出主体；而离主体较远时，整个画面的清晰范围相对较大。例如，拍摄人物时，靠近人物可以突出主体并虚化背景，远离人物则可以呈现人物与周围环境的关系，如图3-2所示。

图3-2 拍摄距离与景深

## 3.1.2　快门

快门是相机中控制光线照射感光元件时间的装置。它就像一扇门，打开时允许光线进入相机内部，照射到感光元件上，关闭时则阻止光线进入。快门速度的单位是"秒"，常见的快门速度有1/2、1/4、1/8、1/15、1/30、1/60、1/125、1/250、1/500、1/1000、1/2000等。分母数值越大，表示快门速度越快，曝光时间越短；分母数值越小，表示快门速度越慢，曝光时间越长。

在相机的曝光模式上，通常会有"S"或"Tv"挡，即快门优先模式，如图3-3所示。在这种模式下，拍摄者可以手动设置快门速度，而相机则会自动调整光圈大小，以匹配曝光量。这非常适合需要控制快门速度的拍摄场景，如运动摄影或夜景拍摄。

图3-3　快门优先模式

快门速度的设置通常与视频的帧率（每秒帧数，即帧/秒）紧密相关。为了保持视频的流畅性和避免明显的拖影，快门速度一般应设置为帧率的倒数或稍快一些。例如，当视频帧率为30帧/秒时，快门速度可以设置为1/60秒，这样可以使视频画面更加流畅、自然，减少卡顿和模糊的现象。

📖 **知识提示**

在拍摄运动场景时，需要较快的快门速度来捕捉清晰的运动轨迹，避免出现画面模糊。例如，拍摄行人的快门速度通常为1/125秒，拍摄赛车的快门速度可能需要达到1/1000秒，甚至更快。

## 3.1.3　曝光

曝光是指光线通过镜头照射到感光元件上，使其产生化学反应或光电效应，从而记录影像的过程。正确的曝光能够使画面的亮度、色彩和对比度达到一个理想的状态，让观众能够清晰地看到画面中的细节和内容。如果曝光过度，画面会显得过亮，可能会丢失细节，颜色也会变得苍白；如果曝光不足，画面则会过暗，同样会导致细节不清晰，色彩也会显得暗淡。

影响曝光的因素主要有环境光线、相机设置、被摄物体的反光能力、拍摄时间和角度几个方面。

### 1．环境光线

环境光线的强弱是影响曝光的主要因素之一。在光线充足的环境下拍摄，可以相对容易地获得正确的曝光；而在光线较暗的环境下拍摄，则需要通过调整相机参数或使用辅助光源来增加曝光量。

### 2．相机设置

相机的光圈、快门速度和感光度等参数是影响曝光的直接因素。通过调整这些参数，可以精确地控制曝光量，从而实现正确的曝光。图3-4所示为在快门速度和感光度不变的情况下光圈对曝光的影响。

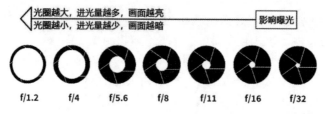

图3-4　在快门速度和感光度不变的情况下光圈对曝光的影响

### 3. 被摄物体的反光能力

被摄物体的反光能力也会影响曝光。反光能力强的物体（如雪地、水面等）会反射更多的光线到感光元件上，容易导致曝光过度；而反光能力弱的物体（如深色衣物、深色背景等）则会吸收更多的光线，容易导致曝光不足。

### 4. 拍摄时间和角度

拍摄时间和角度也会影响曝光。例如，在日出或日落时拍摄，由于光线柔和且色彩丰富，容易获得理想的曝光效果；而在正午时分拍摄，由于光线强烈且色温单一，容易导致曝光过度或色彩失真。此外，拍摄角度的不同也会影响光线的入射方向和反射效果，以致影响曝光。

## 3.2　设计拍摄角度

拍摄短视频时，由于拍摄角度不同，所呈现出的画面效果以及传达的情感也会有很大的差异。拍摄角度主要包括拍摄距离、拍摄方向和拍摄高度3个方面。

### 3.2.1　拍摄距离

拍摄设备与被摄主体之间的距离差异决定了被摄主体在取景器中所展现的画面广度，这种画面广度即景别。因拍摄位置与被摄主体间距的变化，使得最终画面中被摄主体所占空间比例及背景展示范围不同，即景别不同。景别的变化影响着画面的视觉冲击力，也塑造了短视频的叙事风格和情感表达。在短视频拍摄中，一般将景别分为5种，由远至近分别为远景、全景、中景、近景以及特写。

### 1. 远景

远景是指拍摄时镜头与被摄主体之间保持较远的距离，以展现环境、氛围或大规模场景的景别，如图3-5所示。在画面中，被摄主体通常占据较小的面积，而环境背景则占据较大的面积，营造出一种广阔的视觉效果。例如，拍摄辽阔的草原、绵延的山脉等场景时一般使用远景。

### 2. 全景

全景能够展现被摄主体的全身或特定场景的全貌，同时保留一定的环境背景，如图3-6所示。在人物拍摄中，全景能够展现人物与环境的整体关系，有助于观众理解故事发生的背景和人物所处的环境。

图3-5　远景

图3-6　全景

## 3. 中景

中景是指拍摄人物膝盖以上部分或者局部环境的画面。中景能够兼顾人物和环境，既能展现人物的动作、姿态和手势，又能保留一定的环境背景，如图3-7所示。这种景别在人物拍摄中经常使用，能够很好地表现人物的情感和动作。

## 4. 近景

近景是指拍摄人物胸部以上或者物体局部的画面，通常用于突出被摄主体的细节，如人物的表情、眼神或物体的纹理等，如图3-8所示。这种景别在人物拍摄中常用于表现人物的神态和情绪。

图3-7　中景

图3-8　近景

## 5. 特写

特写是指拍摄人物脸部或者放大物体某个局部的画面，如图3-9所示。特写画面能够放大被摄主体的局部细节，使观众能够近距离地观察和理解。这种景别在人物拍摄中常用于表现人物的情感和内心世界。

图3-9　特写

## 3.2.2　拍摄方向

拍摄方向是指拍摄设备和被摄主体在水平面上的相对位置，包括正面、背面、正侧面和斜侧面。在拍摄距离和拍摄高度不变的条件下，不同的拍摄方向可以展现被摄主体不同的形象，以及被摄主体与陪体、被摄主体与环境的不同组合关系变化。拍摄方向的选择对于作品构图、氛围营造以及主题表达有着重要的影响。

### 1．正面

正面拍摄是指拍摄设备与被摄主体正面呈垂直角度的拍摄位置，主要表现被摄主体的正面形象，如建筑物的正面（见图3-10）、人物的正脸等。正面角度能够展现被摄主体的本色，构图形象多处于画面的垂直中心分割线上，常呈现对称结构，显得端庄、稳重。

### 2．背面

背面拍摄是指拍摄设备从被摄主体的背面进行拍摄，如图3-11所示。由于观众不能直接看到被摄主体的面部表情，所以能给观众提供更多的想象空间。这种拍摄方式常用于制造悬念、跟踪拍摄等场景。

图3-10　正面

图3-11　背面

### 3．正侧面

正侧面拍摄是指拍摄设备与被摄主体的正面方向呈90°，即拍摄方向垂直于被摄主体的正面，如图3-12所示。这种拍摄方向能够全面且清晰地展现出被摄主体的侧面轮廓曲线，包括其形态、姿态及细节特征等。

正侧面拍摄常用于人物之间的交流、冲突或对抗等场景，能够增强画面的立体感和视觉冲击力，使观众能够更深刻地感到场景中的氛围和情感张力。

### 4．斜侧面

斜侧面拍摄是指拍摄设备从被摄主体的斜侧面进行拍摄，也就是镜头的拍摄方向与被摄主体的方向约呈45°，如图3-13所示。这种拍摄方向既能表达出人、景、物等各种被摄主体正面的主要特征，又能展示其侧面的基本特征，使拍摄画面更加生动、活泼，富有立体感。

图3-12　正侧面　　　　　　　　　　　　　　　　图3-13　斜侧面

## 3.2.3　拍摄高度

拍摄高度是指拍摄设备与被摄主体在垂直方向上的相对位置或高度差。这种高度的变化会直接影响拍摄画面的角度、透视关系以及最终的视觉效果。在短视频拍摄中，拍摄高度包括平拍、仰拍和俯拍。

### 1．平拍

平拍是指拍摄设备与被摄主体处于同一水平线上，镜头与被摄主体在同一高度位置，如图3-14所示。平拍最符合人们的视觉习惯，拍摄画面具有平等、客观、公正、冷静、亲切的视觉感受。平拍能够忠实地展现被摄主体的原貌，平稳的效果能给观众带来亲切之感。

图3-14　平拍

### 2．仰拍

仰拍是指拍摄设备位于视平线之下，由下往上拍摄被摄主体。仰拍能够夸张地展现被摄主体的高度和垂直感，使被摄主体显得更加高大、雄伟，如图3-15所示。在拍摄建筑物、树木或人物时，仰拍能够强调其威严、庄重或高大的形象。此外，仰拍还能改变人们的视觉习惯，加强景物的表现力度，进而深化主题。

### 3．俯拍

俯拍是指拍摄设备处于视平线之上，由高处往下拍摄被摄主体。俯拍有利于展现空间、规模和层次，能够表现宏大的场景和环境特色，如图3-16所示。俯拍能够压缩景物，使其看起来更加矮小，同时能够展现前、后景物在画面上的丰富层次。这种拍摄高度常用于拍摄广场、山脉、城市等大场面，有助于强调场面宏大，并展现深远的空间感。

图3-15　仰拍

图3-16　俯拍

# 3.3　设计画面构图

短视频画面构图是指在拍摄短视频时，通过安排画面中元素（如人物、景物、道具等）的位置、大小、形状、线条、色彩等，以形成具有视觉美感和表现力的画面布局。

## 3.3.1　画面构图的基本要素

画面构图的基本要素主要有被摄主体、陪体、前景、背景，如图3-17所示。其中前景和背景合起来称为环境。这些基本要素相互配合，能够共同构建出完整、生动且富有表现力的视频画面。

图3-17　画面构图的基本要素

### 1. 被摄主体

被摄主体是画面中的主要表达对象，也是画面的视觉中心和结构中心。被摄主体可以是一个人、一个物体或一个场景等，它在画面中占据主导地位，能够吸引观众的注意力。例如，在一个人物采访视频中，被采访者就是被摄主体；而在一个风景视频中，美丽的山川湖泊可能是被摄主体。通过光线、色彩、影调等的运用，可以进一步突出和强调被摄主体，使其成为画面的焦点。

### 2. 陪体

陪体是与被摄主体构成特定关系，辅助被摄主体表现主题思想的次要表达对象。它可以是与被摄主体相关联的人、物或环境等。陪体在画面中起着衬托和说明被摄主体的作用，通过与被摄主体的相互作用，能够使画面内容更加丰富和生动。

### 3. 前景

前景是指画面中位于被摄主体前面的景物或人物，靠近镜头部分。前景可以增加画面的层次感和空间感，能够引导观众的视线进入画面，增强画面的纵深感。此外，前景还可以用于交代环境、烘托气氛或形成特殊的视觉效果。

### 4. 背景

背景是位于被摄主体后面的景物。背景可以交代被摄主体所处的环境、时间、地点等信息，为被摄主体提供衬托和对比，从而突出被摄主体的形象和特点。背景要简洁明了，不能过于复杂，以免分散观众对被摄主体的注意力。

## 3.3.2 画面构图的基本规律

画面构图是一项充满创造性的工作，并非完全即兴，其目的是将主题与内容以最完美的形象结构和画面造型效果呈现出来。因此，对于拍摄者而言，理解并掌握画面构图的基本规律极为重要。

### 1. 均衡

均衡是指画面在视觉上保持平衡和稳定的状态。这并非是指画面的左右或上下完全对称，而是通过元素的分布、色彩的搭配、明暗的对比等，让画面在视觉感受上没有明显的偏重或失重感。图3-18中画面左边的那块石头起了很好的平衡作用，少了它画面就会显得左轻右重。

### 2. 呼应

呼应是指人物或景物之间的配合关系。这种呼应可以是人与人之间的，也可以是人与景物之间的，还可以是景物与景物之间的。呼应的形式多种多样，包括色彩呼应、形状呼应、光影呼应、情感呼应和主题呼应等。图3-19中一对母女相视而笑，彼此的眼神中充满了爱意与默契，这种无形的情感纽带就是她们之间最强烈的呼应。

图3-18 均衡

图3-19 呼应

### 3. 节奏韵律

节奏韵律是指画面中各元素按照一定的规律排列组合，形成一种有节奏、有韵律的视觉效果。例如，一排相同形状和间距的树木、连续的波浪线条、重复出现的图案等，都能给人带来视觉上的节奏感，如图3-20所示。韵律则更强调这种节奏所带来的情感和氛围，使画面具有一种内在的和谐与美感，让观众的视线能够自然地在画面中流动，产生愉悦的视觉体验。

## 4．对比衬托

对比衬托是通过画面中不同元素之间的对比关系来突出被摄主体或强调某种视觉效果，使画面更加鲜明、有力，增强画面的表现力和冲击力。常见的对比包括大小对比、形状对比、色彩对比、明暗对比、虚实对比等。雪山顶上的金黄色暖色调与其余部分的蓝色冷色调形成了鲜明的色彩对比，如图3-21所示。

图3-20　节奏韵律

图3-21　对比衬托

## 3.3.3　画面构图的基本方式

进行短视频画面构图时，拍摄者应依据短视频的主题和风格，挑选最为适宜的构图方式，确保画面与内容高度契合，以此提升短视频的整体质量。

## 1．黄金分割构图

黄金分割是一种美学比例，即将画面按照特定比例进行分割，通常为1∶0.618或近似比例。在构图中，通过将画面按照黄金比例进行分割，将被摄主体放置在分割线或交点上，可以使画面更加和谐、稳定，并突出被摄主体。将人物的头部放在黄金分割点附近，会让观众的视线自然聚焦，画面整体显得平衡而富有动态感，如图3-22所示。

## 2．九宫格构图

九宫格构图法是由黄金分割法衍生而来的，将画面上下左右各取1/3点，然后用直线相连，形成类似"井"字形的分割线。把被摄主体放在这些交叉点上或者沿着分割线分布，可以使画面更加稳定和均衡，如图3-23所示。这种构图方式在摄影中广泛应用，无论是拍摄人物、风景还是静物，都能很好地引导观众视线，突出被摄主体的同时兼顾画面的整体美感。

图3-22　黄金分割构图

图3-23　九宫格构图

### 3．水平线构图

水平线构图是指利用水平线作为画面的引导线，通过水平线来构建画面。水平线可以是实际的地平线、海平面、建筑物的水平线等，如图3-24所示。这种构图方式能给人带来稳定、平静、开阔的视觉感受。

### 4．对角线构图

对角线构图是将被摄主体沿画面的对角线分布，如图3-25所示。这种构图方式能够增强画面的延伸感和立体感，使画面更具动感和活力。这种构图方式常用于拍摄山景、建筑或运动场景等。

图3-24　水平线构图　　　　　　　　　　　图3-25　对角线构图

### 5．曲线构图

曲线构图是指利用画面中的曲线元素作为视觉引导线，通过曲线的弯曲和排列来构建画面，如图3-26所示。曲线可以是自然形成的河流、山脉轮廓、人体曲线等。曲线构图能给画面带来优美、柔和、流畅的感觉，引导观众的视线在画面中流动。例如，拍摄一条弯曲的山间小路，能够增加画面的意境和美感。

### 6．框架式构图

框架式构图是指利用画面中的框架元素，如窗户、门框、树枝等，将被摄主体框在其中，如图3-27所示。框架式构图能够增强画面的层次感和深度感，同时突出被摄主体。这种构图方式常用于拍摄需要营造特定氛围或强调被摄主体重要性的场景。

图3-26　曲线构图　　　　　　　　　　　　图3-27　框架式构图

### 7．三角形构图

三角形构图是将画面中的元素组合成三角形的形状（见图3-28），可以是正三角形、斜三角形或倒三角形。三角形构图能够赋予画面稳定感和力量感，常用于拍摄需要强调稳定性和力量感的题材。

## 8．V形构图

V形构图是指将画面中的元素按照字母V的形状排列形成的视觉效果，如图3-29所示。V形构图能够引导观众的视线向中心汇聚，增强画面的深度和立体感。例如，拍摄山谷中的河流和两岸的山脉，形成V形，能够突出河流的流向和山谷的深邃。

图3-28　三角形构图

图3-29　V形构图

## 9．圆形构图

圆形构图是一种将画面中的主体元素或主要视觉焦点安排成圆形或近似圆形形状的构图方式。圆形本身给人一种完整、和谐、稳定的感觉，能使画面呈现出一种平衡的美感，避免了尖锐棱角带来的冲突感。

在圆形构图中，如果在圆的中央位置附近放置被摄主体，那么它将成为画面的视觉中心。画面中会产生一种趋向于该中心的向心力。例如，拍摄一朵盛开的花朵，利用微距镜头将花瓣和花蕊的细节以圆形构图的方式展现，使观众的视线自然而然地聚焦于花朵的中心，如图3-30所示。

## 10．垂直线构图

垂直线构图是指利用画面中的一条或多条垂直于画面边框的直线线条元素来构建画面的构图方法。这种构图方式通常能够赋予画面高耸、挺拔、庄严、有力的视觉感受，同时也能够带来类似于水平线构图的平衡与稳定感。

例如，在拍摄森林或树木时，可以利用树木的垂直线条进行构图，如图3-31所示。树木的树干作为天然的垂直线条元素，能够很好地展现森林的茂密与生机。

图3-30　圆形构图

图3-31　垂直线构图

### 3.3.4　突出画面主题的技巧

在短视频画面构图中，拍摄者要始终围绕主题进行思考和设计，可以运用靠近被摄主体、色彩对比、大小对比和浅景深等技巧突出画面主题，吸引观众的注意力。

#### 1．靠近被摄主体

靠近被摄主体，使其在画面中占据较大的比例，从而吸引观众的注意力。近距离拍摄能够展现被摄主体的细节和特征，让观众更清晰地看到关键元素，减少背景和其他无关元素的干扰。

#### 2．色彩对比

色彩对比可以极大地增强画面的视觉冲击力，从而突出主题。例如，在拍摄户外风景时，如果天空是蓝色的，可以选择穿着红色或黄色等鲜艳服装的人物作为被摄主体，色彩对比可以使人物在画面中脱颖而出，如图3-32所示。

#### 3．大小对比

大小对比是指通过被摄主体与周围元素在大小上的显著差异来突出被摄主体，如图3-33所示。拍摄者可以将被摄主体置于一群较小的物体之中，或者在一个较大的空间中放置一个相对较小的被摄主体。这种对比能够强调被摄主体的重要性和独特性。

图3-32　色彩对比

图3-33　大小对比

#### 4．浅景深

浅景深是指通过控制镜头的光圈和焦距，使画面中的被摄主体清晰而背景模糊。浅景深可以将观众的注意力集中在清晰的被摄主体上，模糊的背景能够起到弱化干扰和突出被摄主体的作用，营造出一种立体感和层次感。例如，拍摄人物时，使用大光圈镜头将人物的面部清晰呈现，而背景中的景物模糊，这样可以突出人物的表情和神态，使人物成为画面的核心。

## 3.4　运用光线

自然界中的光线会因气层状态、气候、地理位置及季节等条件的变化而产生极大的差异。同一个场景画面在不同的光线条件下，带给观众的视觉感受可谓千差万别。对于拍摄者来说，认识光线并把握好光线的条件与效果，是必须掌握的基本技能。

### 3.4.1　光的类型

在短视频拍摄中，照明光源主要分为两类，即自然光和人造光。

### 1.　自然光

自然光就是大自然的光源，如太阳光、月光、星光、闪电等，如图3-34所示。使用自然光可以节省拍摄成本，同时让画面更加真实、自然。但需要注意光线的方向和角度，以及拍摄时间和地点的选择，避免过度曝光或光线暗淡。

### 2.　人造光

人造光是由人根据环境和所需要的拍摄效果而布置的光源，包括灯光、物体反射光等，如图3-35所示。与自然光相比，人造光更具有可控性。拍摄者可以根据拍摄需求精确调整光的强度、方向、颜色和色温等参数，从而创造出各种不同的氛围和效果。

图3-34　自然光

图3-35　人造光

例如，在摄影棚内，可以通过调整灯光的位置和角度来突出被摄主体的立体感和质感；通过使用不同颜色的滤光片，可以改变光的颜色，营造出特定的情绪和氛围。而自然光则受时间、天气和地理位置等因素的限制，难以完全按照人的意愿进行调整。此外，人造光还可以在任何时间和地点使用，不受自然条件的影响，为拍摄提供了更大的灵活性和便利性。

### 3.4.2　光的基本要素

良好的光线运用可以使视频画面更加生动、富有表现力。通过调整光线的角度、强度和颜色，拍摄者可以创造出不同的视觉效果，增强画面的艺术感。光有6个重要的基本要素，分别是光度、光位、光型、光质、光比和光色。

### 1.　光度

光度是指光的强度，它决定了画面的明亮程度。在强光环境下拍摄，可以让物体的质感更加明显，如拍摄金属制品、光滑的表面等。但是，强光也可能导致过曝，使画面失去细节。在弱光环境下拍摄，画面可能会比较暗，但可以通过长时间曝光等技术手段来捕捉更多的细节。例如，在夜晚拍摄星空或城市夜景时，弱光可以让星星更加明亮，让城市的灯光更加璀璨。

## 2. 光位

在短视频拍摄中，光位的选择直接影响着画面的构图、色彩和立体感。常见的光位包括顺光、侧光、逆光、顶光和底光，如图3-36所示。

（1）顺光

光线的投射方向和拍摄方向相同，称为顺光。顺光拍摄的画面色彩鲜艳，细节清晰，但立体感较弱，适合拍摄需要展示物体真实色彩和细节的场景，如产品展示、证件照等。

（2）侧光

侧光是光线从被摄主体侧面照射过来的光，与拍摄方向大约呈90°，如图3-37所示。侧光能够产生明显的明暗对比，突出被摄主体的立体感和质感，常用于拍摄人物肖像、风景等，可以营造出戏剧性的效果。

（3）逆光

光线的投射方向和拍摄方向相反，称为逆光。逆光可以创造出轮廓光，使被摄主体边缘产生明亮的光环，增强艺术感，适合拍摄日出、日落、剪影等场景，如图3-38所示。

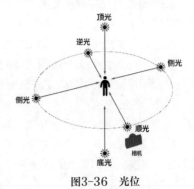

图3-36  光位

图3-37  侧光

图3-38  逆光

（4）顶光

顶光是从被摄主体上方投射下来的光，顶光照射下被摄主体会形成较大的明暗反差，常用于营造特殊的氛围。在拍摄人物时，顶光可能会使人物面部产生不自然的阴影，要谨慎使用。

（5）底光

底光也叫脚光，是从被摄主体底部向上打的光。底光通常会产生恐怖、神秘的效果，在电影和戏剧中常用于营造紧张的氛围。

> 💡 小技巧
>
> 在室内拍摄时，可以根据房间的布局和光线来源选择光位。如果窗户是主要的光线来源，可以利用侧光或顺光进行拍摄。如果房间有吊灯等光源时，可以考虑利用顶光进行拍摄。

## 3. 光型

光型是指各种光线在拍摄时的作用和效果，它们共同塑造了被摄主体的形态、质感，以及现场的氛围。根据光线在画面造型中的不同作用，可以将其分为主光、辅光、轮廓光、背景光等。

**（1）主光**

主光是造型光中最重要的光源，它决定了被摄主体的主要照明方向和明暗关系。主光通常位于被摄主体的一侧，与相机成一定的角度。主光的位置取决于被摄主体的形状和拍摄需求。例如，拍摄人物面部变化时，主光可以位于人物的侧面45°左右，以突出面部的立体感，如图3-39所示。

主光的角度也会影响被摄主体的形态和质感。低角度的主光可以产生长长的阴影，增加被摄主体的立体感和神秘感；高角度的主光则可以使被摄主体看起来更加平坦，适合表现细节和纹理。

**（2）辅光**

辅光也叫副光，常用于补充主光造成的阴影部分，使被摄主体的暗部得到适当的照明，从而增加画面的层次感和细节。辅光通常位于主光的相对一侧，与相机的角度较小。这样可以避免辅光与主光产生直接的冲突，同时也能更好地补充主光的阴影部分。

**（3）轮廓光**

轮廓光也叫背光，是指从被摄主体背面打来的光。它能起到勾画被摄主体轮廓的作用，特别是在被摄主体与背景色调相近或重叠时，能够有效地分离被摄主体和背景，如图3-40所示。轮廓光一般采用硬朗的直射光，而且往往是画面中最强的光，但要防止它射入镜头产生眩光。

图3-39　主光

图3-40　轮廓光

**（4）背景光**

背景光也叫环境光，主要用于照亮被摄主体的背景，使其与被摄主体产生分离，增加画面的层次感和空间感。例如，在拍摄产品广告时，可以使用背景光将背景打亮为白色或其他单一颜色，从而使产品更加醒目。

## 4. 光质

光质是指光线的软硬性质，分为硬光和软光两种类型。

硬光通常是指强烈的直射光，如晴天的阳光、人工灯中的聚光灯、回光灯等发出的光线。硬光能够产生鲜明的明暗对比，被摄主体的受光面和背光面界限分明，影子轮廓清晰、边缘锐利，如图3-41所示。

软光是一种漫散射性质的光，没有明确的方向性，如大雾中的阳光、泛光灯光源等发出的光线。软光下，被摄主体的明暗过渡自然，影子较为模糊，边缘柔和，如图3-42所示。软光能使被摄主体的表面看起来更加细腻、柔和，适合拍摄人物面部表情、细腻的物体等，能够营造出温馨、浪漫的氛围。

图3-41　硬光

图3-42　软光

### 5．光比

光比是指被摄主体受光面亮度与阴影面亮度的比值。光比的大小决定了画面的明暗反差程度。较小的光比意味着亮部和暗部的亮度差异较小，画面的明暗反差较弱，呈现出较为柔和、细腻的影调。例如，在阴天或者使用柔和的散射光拍摄时，光比通常较小，画面整体亮度比较均匀，色彩也较为饱和。

### 6．光色

光色是指光的颜色，它决定着画面的色调倾向，能引起人们情感上的联想，对短视频的主题表达起着非常大的作用。例如，在海边拍摄日出或日落时，橙黄色的阳光洒在海面上，波光粼粼，整个画面充满了温馨和浪漫的感觉。

## 3.5　设计运动镜头

运动镜头是指在拍摄过程中，通过移动拍摄设备本身或镜头来捕捉画面。通过改变拍摄设备的位置、方向或焦距来创造动态效果，为观众提供更加生动且富有参与感的视觉体验。在短视频拍摄中，常见的运动镜头有推镜头、拉镜头、摇镜头、移镜头和跟镜头等。

### 1．推镜头

推镜头是指拍摄设备向被摄主体方向推进，或者变动镜头焦距使画面框架由远而近向被摄主体不断接近的拍摄方法。在推镜头的过程中，将拍摄设备的镜头缓缓推向被摄主体，使画面逐渐过渡到近景或特写，景别由远及近地细腻展开，如图3-43所示。在此过程中，观众的视线会逐渐聚焦于被摄主体的细节，无论是人物面部的微妙表情，还是物体表面的精致纹理，都能被一一放大并清晰地呈现在眼前。

图3-43　推镜头

推镜头的运用不仅能够有效地突出画面中的被摄主体，增强视觉冲击力，还能根据推进的速度和节奏营造出特定的氛围和情感。

### 2．拉镜头

拉镜头是指拍摄设备逐渐远离被摄主体，或者变动镜头焦距使画面框架由近至远与被摄主体拉开距离的拍摄方法。这种拍摄方法不仅有助于展现被摄主体所处的环境背景，增强画面的空间感和深度，还能通过对比近景与远景的差异，强调出被摄主体与周围环境之间的关系。

### 3．摇镜头

摇镜头是指在拍摄设备机位不动的情况下，借助三脚架上的活动底盘（云台）或拍摄者自身为支点，变动拍摄设备光学镜头轴线的拍摄方法。摇镜头的视觉效果如同人们转动头部环顾四周或视线由一点移向另一点。在镜头焦距和景深不变时，画面框架以拍摄设备为中心运动，观众视点随镜头"扫描"的画面内容而变化。

摇镜头能够逐一展示景物、逐渐扩展画面，产生巡视环境、展示规模的视觉效果，如图3-44所示。

图3-44　摇镜头

💡 **小技巧**

在摇镜头的同时，逐渐调整镜头的焦距（变焦），可以实现从广角到长焦或从长焦到广角的平滑过渡，这样既能展现广阔的场景，又能聚焦到细节上，增强短视频画面的叙事能力。

## 4．移镜头

移镜头是指拍摄设备位置发生移动。与推、拉镜头不同的是移镜头不限制移动方向，可以向任意方向、任意角度移动，运动的速度也相对较快。移镜头摆脱了固定镜头的束缚，形成了多样化的视点，可以表现出各种运动条件下的视觉效果，适用于拍摄运动场景、跟随移动对象、展现环境变迁等。

## 5．跟镜头

跟镜头是指拍摄设备紧紧跟随着被摄主体运动，对其行进过程中的每一个细节进行捕捉，如图3-45所示。无论被摄主体是向前迈进，还是驻足停留，拍摄设备都会做出相应的移动或静止动作，始终与被摄主体保持同步状态。

图3-45　跟镜头

跟镜头可以表现被摄主体与环境的关系。在跟随被摄主体运动的过程中，同时展示周围环境的变化，充分体现被摄主体与环境的互动关系，让观众更全面地了解被摄主体所处的情境。

> **📑 知识提示**
>
> 移镜头和推镜头、跟镜头是有区别的。推镜头有明确的被摄主体并逐渐接近它，景别由小到大，并以此为落幅；跟镜头始终有运动的被摄主体，镜头紧跟其运动，景别稳定；而移镜头则更注重空间的扩展和画面的变化。

# 3.6　设计镜头组接与转场

镜头是短视频创作中最基本的构成元素之一，是指用拍摄设备所拍摄的一段连续画面，或者两个剪接点之间的短视频片段。一般情况下，单个镜头难以独立实现叙事、抒情、表意的效果，其意义的产生需要通过将多个镜头剪辑成组，形成相对完整的镜头段落，再由一个个镜头段落组接成具有完整内容和意义的视听作品。

## 3.6.1　常见的组接方式

在短视频创作中，镜头的组接方式起着至关重要的作用，既影响短视频的流畅度，又直接关系到观众对故事的理解以及情感的共鸣。下面介绍几种常见的镜头组接方式。

### 1. 相同运镜方向组接

将运镜方向相同的镜头连接在一起，以增强短视频的连贯性和动感。这种组接方式能够持续引导观众的视线，使画面之间的过渡更加自然、顺畅。例如，上一个镜头中人物从右向左运动，下一个镜头中该人物依然从右向左运动，如图3-46所示。

图3-46　相同运镜方向组接

### 2. 连贯动作组接

利用人物或物体的连贯动作来组接不同的镜头。通常在一个动作的不同阶段分别拍摄不同的镜头，然后将这些镜头按照动作的先后顺序进行组接，使观众感觉动作是连续的。例如，拍摄一个人打篮球时，第1个镜头是准备投篮的动作，第2个镜头是篮球在空中飞行，第3个镜头是篮球落入篮筐。通过组接这3个镜头，完整地展现了投篮这个连贯动作。

### 3. 两极镜头组接

两极镜头是景别差距较大的两个镜头，如远景和特写。这种组接方式能够在视觉上形成强烈对比和冲击，给观众带来独特的视觉和心理体验。例如，上一个镜头为热闹的美食街全景，人来人往、摊位林立，充满烟火气；下一个镜头切换到精致的美食特写，色泽诱人、细节清晰，如图3-47所示。从全景到特写的组接，既展示了美食所处的环境，又聚焦于美食本身，勾起观众的食欲。

图3-47　两级镜头组接

## 4．插入镜头组接

插入镜头是在一个连续的叙事过程中插入一个与主要情节相关但又相对独立的镜头。这种组接方式能够丰富画面内容，增加短视频的层次感和信息量。例如，在一个人物对话的场景中，插入一个窗外的风景镜头，以转换场景，或者暗示人物的内心情绪。

## 3.6.2　常用的组接技巧

在短视频创作中，各个镜头之间的组接必须符合逻辑规律，不可胡乱组合。如果镜头组接缺乏逻辑，观众会不知所云，难以理解画面内容。只有遵循逻辑规律进行镜头组接，才能让观众顺畅地理解故事发展、主题表达，以及画面所传达的信息。

### 1．动接动

如果上一个镜头中的被摄主体处于运动状态，那么连接的下一个镜头中的被摄主体也应处于运动状态，而且运动的方向和速度最好保持一致，或者有一定的逻辑关系。这样可以使画面过渡自然、流畅，不会产生突兀感。

### 2．静接静

当两个镜头中的被摄主体都处于静止状态时进行组接。静止的画面可以通过相似的构图、色调、物体形态等进行连接。例如，上一个镜头为房间全景，家具摆放整齐，画面静止；下一个镜头切换至房间里的桌子特写，同样保持静止，通过物体关联性实现静接静。

### 3．动静结合

有时为了创造特定的节奏和视觉效果，可以将运动的镜头和静止的镜头进行组接，但要注意过渡的合理性，避免产生不协调感。例如，先呈现一个人跳舞的动态镜头，后接观众静静观看的静态镜头，以此表现表演与观看的关系，动静结合可以增强画面的层次感，如图3-48所示。

图3-48　动静结合

## 4. 相似性组接

利用画面中物体的形状、颜色、大小、动作等方面的相似性进行镜头组接。这种组接方式可以在视觉上产生连贯性和关联性。例如，上一个镜头是转动的风车，下一个镜头切换到正在旋转的摩天轮，两者都是圆形，能够给观众在视觉上带来连贯性，如图3-49所示。

图3-49　相似性组接

## 5. 逻辑关系组接

按照事物发展的逻辑顺序、因果关系、时间顺序等进行镜头组接，这样可以使观众更好地理解故事的情节发展。例如，一个人先在书店挑选书籍，然后去收银台付款，最后拿着书走出书店。按照事件发展的逻辑顺序组接镜头，使故事清晰明了。

## 3.6.3　常用的转场技巧

转场是指在一个场景结束和另一个场景开始之间所做的过渡处理，可以通过视觉特效、声音效果或简单的剪辑技巧来实现场景间的平滑转换。在短视频创作中，上下镜头之间转场的方法分为技巧转场和无技巧转场两大类。

## 1. 技巧转场

技巧转场是短视频创作中常用的手法，通过特定的技术手段来实现场景或段落之间的过渡和转换。传统的技巧转场主要包括淡入淡出、叠化、划像、圈入圈出、定格等。

（1）淡入淡出

淡入是指画面从全黑逐渐显现，淡出则是画面从明亮逐渐变为全黑。淡入淡出通常用于影片的开头和结尾，以及情节段落之间的过渡，可以营造出舒缓的节奏变化，给观众一定的心理准备时间。

（2）叠化

叠化是指上一个镜头的画面逐渐消失的同时，下一个镜头的画面逐渐出现，两个画面在一段时间内重叠，如图3-50所示。叠化可以用于表示时间的流逝、场景的转换、情感的过渡等，能够使转场效果更加柔和、自然。

图3-50 叠化转场

（3）划像

划像分为划出与划入。划出是指前一画面从某一方向退出荧屏，划入是指下一个画面从某一方向进入荧屏。划像一般用在两个内容意义差别较大的段落转换过程中，可以造成时空的快速转变，并在较短的时间内展现多种内容，所以常用于节奏紧凑、行进速度简洁明快的短视频中。

（4）圈入圈出

圈入圈出是以圆形逐渐扩大或缩小的方式实现画面的转换。圈入通常用于引出新的场景或主题，圈出则用于结束一个段落或场景，有引导观众视线和划分内容层次的作用。

（5）定格

定格是将画面停留在某一帧，使画面静止不动。定格可以用于强调某个重要的瞬间、制造戏剧性效果或者作为一种特殊的转场方式，在定格后再切换到新的画面。一般来说，定格具有强调作用，比较适合不同主题段落的转换。

## 2. 无技巧转场

无技巧转场是指场面的过渡不依靠后期的特技技术和光学技巧附加作用，而是利用镜头画面直接切出、切入的方法来衔接镜头，连接场景，转接时空。这类转场方式注重镜头之间的内在联系和视觉上的连贯性，使观众在不知不觉中完成场景的转换，从而保持短视频内容的流畅性和沉浸感。

在短视频创作中，无技巧转场主要包括以下几种。

（1）切（硬切）

切是指从一个镜头的最后一帧直接跳转到下一个镜头的第一帧，中间没有过渡效果。这种转场要求前后镜头在内容、逻辑、视觉等方面有一定的关联性，以避免突兀感。

例如，上一个镜头是旅行者站在山顶眺望远方，随着音乐的节奏加快，镜头直接切换到旅行者在山间小道上快速行走的画面，如图3-51所示。这种直接的切换方式能够保持短视频的紧凑感和节奏感，使观众感受到旅行的活力。

图3-51 硬切转场

（2）跳切

跳切是一种打破常规镜头切换时空和动作连续性要求的剪辑手法。它通过较大幅度的跳跃式镜头组接，省略不必要的部分，突出关键内容。跳切通常用于表现时间的快速流逝、节奏的加快，或者突出某个关键动作。

（3）空镜头转场

利用不包含人物（或人物处于非主要地位）的景物镜头来连接不同的场景或段落。这些镜头通常专注于自然环境、城市风光、建筑细节等，通过展示这些景物的美丽或特定氛围来实现场景的自然过渡。

例如，上一个镜头是农民在田里劳作，接着切换到一个夕阳下的田野空镜头，然后切换到农民打招呼的场景，如图3-52所示。这里的田野空镜头既实现了从劳作场景到打招呼场景的自然转场，又营造出一种宁静、美好的氛围。

图3-52　空镜头转场

（4）运动转场

运动转场是通过前后镜头中物体、角色或交通工具的运动方向、速度、轨迹等的相似性，将两个场景或时空连接起来，实现视觉上的连贯和过渡。这种转场方式强调前后段落的内在关联性，在观众不知不觉中完成场景的转换。

（5）遮挡转场

遮挡转场是利用物体的遮挡来实现镜头的转换。当上一个镜头中的物体遮挡住画面的一部分时切换到下一个镜头，新的画面从遮挡物移开后逐渐展现出来。例如，上一个镜头是一片茂密的森林，一只飞鸟从画面上方飞过，逐渐遮挡住部分画面，接着切换到下一个镜头，飞鸟飞离，露出后面广袤的草原。

（6）声音转场

用音乐、解说词、对白等与画面的配合实现转场。例如，在旅行Vlog中，介绍完一个景点后，可以播放与该景点相关的背景音乐或音效，然后逐渐过渡到下一个景点的画面。

# 课堂实训：且初品牌短视频拆解分析

## 1. 实训背景

护理品牌且初发布的短视频《栀子花之味》将捐赠柔顺长发作为切入点，围绕极具辨识度的复古风格和生活化的场景展开，通过运用构图与运镜美学以及高级感的镜头语言，讲述一位爱护头发的领班最后剪去长发，维护主人公的温情故事。在剧情中自然植入新品栀子香护发精油，让短视频内容更有传播性，从而形成独具特色的营销效果。

## 2. 实训要求

观看实训背景中提到的短视频，分析其中的画面构图、运动镜头、镜头组接方式与转场技巧，加强对本章所学知识的理解。

## 3. 实训思路

（1）分析画面构图

注意观察短视频中的画面构图，总结主要的构图方式，并分析这些构图方式对短视频效果的影响。

（2）分析运动镜头

总结该短视频中出现的主要运动镜头，并分析这些运动镜头分别在短视频中起到什么作用，对短视频的情感表达有何影响。

（3）分析镜头组接方式

总结该短视频中使用的镜头组接方式，并讨论这些镜头组接方式给你带来的感受，以及对短视频效果的影响。

（4）分析转场技巧

总结该短视频中使用的转场方式，并讨论这些转场方式的作用。

# 课后练习

1. 简述画面构图的基本规律。
2. 简述常见的短视频镜头组接方式。
3. 运用不同的拍摄方向和画面构图拍摄一组旅行Vlog视频素材。
4. 运用不同景别和运镜方法拍摄美食探店短视频。

# 第 4 章

# 使用相机拍摄短视频

## 学习目标

➤ 认识相机的重要拍摄参数。

➤ 掌握使用相机拍摄短视频素材的方法。

➤ 掌握优化相机拍摄效果的方法。

## 本章概述

使用相机拍摄短视频，可凭借卓越的画质、丰富的镜头选项及多项可调参数，灵活创造出专业级且独具风格的短视频作品，满足多样化的创意表达需求。本章将引领读者了解相机的重要拍摄参数，学习使用相机拍摄短视频素材，以及优化相机拍摄效果。

## 本章关键词

帧率　对焦　白平衡　慢动作和快动作　图片配置文件

# 4.1 认识相机的重要拍摄参数

在使用相机拍摄短视频时，需要了解其重要的拍摄参数。

## 4.1.1 传感器大小

传感器是相机中的核心部件，用于将捕捉到的光信号转换为电信号，从而生成数字图像。传感器决定了相机的成像质量、动态范围、低光性能等关键参数。像素是传感器上最小的感光单位，用于衡量图像的分辨率。像素越高，图像的分辨率就越高，画面就越细腻。但需要注意的是，高像素并不一定意味着更好的画质，还需要考虑其他因素，如传感器尺寸、镜头质量等。

传感器尺寸指的是传感器对角线的长度，通常以毫米（mm）或英寸（inch）为单位。这是相机感光元件的一个重要参数，它决定了相机能够捕捉到的光线和细节的数量。常见的传感器尺寸包括中画幅、全画幅、APS-C画幅以及M4/3画幅等。传感器尺寸越大，能够捕捉到的光线就越多，细节也就越丰富。同时，大传感器通常具有更低的噪点水平和更广的动态范围，能够呈现出更细腻、更清晰的画面，这对于追求高质量短视频和创意拍摄非常重要。

## 4.1.2 视频分辨率

视频分辨率指的是视频图像在一个单位尺寸内的精密度，是度量图像内数据量多少的一个参数，通常以水平像素数乘以垂直像素数的形式表示，如"1920×1080"或"4096×2160"。视频分辨率决定了视频画面的细腻程度和清晰度。视频分辨率越高，意味着图像包含的像素点越多，画质越细腻，细节表现越丰富。

在选择视频分辨率时，应根据拍摄内容和用途选择合适的分辨率。例如，对于社交媒体分享的视频，1080P分辨率已经足够清晰；而对于专业制作或高端展示的视频，可能需要选择4K或更高的分辨率。高分辨率视频虽然画质清晰，但占用的存储空间较大，在后期处理时也需要更高的计算能力。

## 4.1.3 视频帧率

视频帧率，即每秒传输帧数（Frame Per Second，简称帧/秒，常用fps），是指相机在1秒内能够拍摄并记录的连续画面数量，是衡量视频流畅度和动态表现的重要指标。视频帧率越高，视频画面之间的过渡就越平滑，动态表现也就越流畅。高帧率的视频能够减少画面卡顿和模糊现象，提升观看体验。但过高的帧率可能会导致视频文件过大，增加存储和传输成本。在实际拍摄过程中，可以通过测试和调整帧率来找到最适合当前场景和需求的设置。

目前大多数相机在4K的分辨率下只提供基础的25帧/秒和30帧/秒的帧率，要想拍摄升格视频需要降到1080P分辨率来拍摄。也有主打视频拍摄的相机可以提供4K的50帧/秒和60帧/秒的帧率，更有专业拍摄视频的相机可以达到4K的100帧/秒和120帧/秒的帧率。

## 4.1.4 色深

色深也叫色位深度，是指用于表示每个颜色通道中颜色信息的二进制位数。在RGB色彩空间中，每个颜色通道（红、绿、蓝）都有一个对应的位深值。色深是衡量视频色彩丰富度和细腻程度的重要指标，它决定了视频能够表示的颜色数量，进而影响画面的色彩过渡和层次感。更高的色深能够捕捉到更多的色彩细节，使画面在色彩上更加真实、生动。常见的色深值有8 bit、10 bit、12 bit及以上。

- 8 bit：这是最常见的色深值，适用于大多数日常视频和图像应用。8 bit的RGB图像意味着每个颜色通道可以表示256个不同的颜色值，这满足大多数观看需求。

- 10 bit：10 bit的视频在色彩精度上比8 bit更高，能够表示更多的颜色值，通常用于高端视频制作和广播级应用，以提供更丰富的色彩和更高的色彩精度。

- 12 bit及以上：通常用于专业领域，如电影制作、动画制作等。这些色深值能够捕捉到更多的色彩细节，使画面在色彩上更真实、更细腻。

## 4.1.5 Log模式

Log模式是一种视频拍摄模式，它将原始数据以对数的方式记录，以保留更多的动态范围。不同相机厂商有各自的Log模式，如索尼的S-Log模式、佳能的Log模式、松下的Log模式等。

在Log模式下，亮部和暗部的亮度差异会被压缩，从而保留更多的亮部和暗部细节。由于Log模式是以对数方式记录原始数据的，所以直接输出的视频看起来会比较暗淡，色彩发灰，也就是人们通常所说的"灰片"。

Log模式能够保留更多的色彩信息和动态范围，使视频画面看起来更加细腻、更真实，有助于制作出电影级别的画质效果。在复杂光线环境下，如逆光、高反差等场景，使用Log模式可以保留更多的细节，避免画面出现过度曝光或欠曝的问题。由于Log模式保留了更多的原始数据，在后期调色时具有更大的灵活性。拍摄者可以根据需要进行色彩还原、增强、调整亮度/对比度等操作，以获得理想的画面效果。

## 4.1.6 对焦

这里所说的对焦是指相机在拍摄视频时对被摄主体的连续对焦能力。在视频拍摄中，尽管常使用手动对焦，但这种对焦方式对拍摄者的技巧有着较高的要求，且操作过程相对烦琐，可能会在一定程度上拖慢拍摄进度。因此，在视频拍摄中，相机的自动对焦性能显得尤为重要。若相机在视频拍摄过程中对焦性能不佳，经常出现对焦错误或对焦不稳定的情况，会极大地影响拍摄效率。对焦能力强的相机能够持续跟踪并锁定被摄主体，确保拍摄的视频画面始终保持清晰。一些高端相机还配备了眼部识别、面部识别等高级功能，能够进一步提高视频拍摄的质量和效率。

## 4.1.7 光圈

光圈是镜头内部用于调节进光量的装置，它控制着镜头通光口径的大小。在拍摄视频时，光圈影响着画面的亮度、景深和画质，具体情况如下。

- 对画面亮度的影响：光圈大小直接影响镜头的进光量。光圈越大，进光量越多，画面越亮；光圈越小，进光量越少，画面越暗。因此，光圈是调节画面亮度的重要参数。

- 对景深的影响：光圈还直接影响景深，即画面中清晰的范围。大光圈可以产生浅景深效果，使被摄主体清晰，背景虚化，增强画面的艺术感；小光圈则能增加景深，使前景到背景都保持清晰，适合拍摄风景或需要展现更多细节的场景。

- 对画质的影响：光圈的选择也会影响画质。一般来说，中等光圈（如f/8左右）下的镜头表现最佳，画质最为细腻。在使用最大光圈或最小光圈时，由于光线散射或衍射的影响，画质可能会有所下降。

## 4.1.8 快门

相机快门是控制光线进入相机时间长短的装置。快门在拍摄视频时起着控制曝光、影响画面清晰度和动态效果的重要作用，具体情况如下。

● 曝光控制：快门速度是控制视频曝光的3个主要参数之一。快门速度越快，进光量越少，画面就越暗；快门速度越慢，进光量越多，画面就越亮。

● 运动模糊：快门速度决定了在拍摄被摄主体时，画面中被摄主体的清晰度。快门速度越快，图像的清晰度越高，可以捕捉到瞬间的动作细节，减少运动模糊；快门速度越慢，图像的模糊程度越高，适合拍摄具有动态模糊效果的画面。

● 帧率匹配：在视频拍摄中，为了获得自然、流畅的运动效果，通常需要将快门速度设置为视频帧率的2倍左右。例如，如果视频帧率是25帧/秒，那么推荐的快门速度就是1/50秒或者接近这个值。

## 4.1.9 ISO

ISO即感光度，它衡量的是相机传感器对光线的敏感程度。ISO值越高，传感器对光线的反应越灵敏，画面就越亮。但是，高ISO会导致视频中出现更多的噪点，以致影响画质；低ISO则能保持画面纯净，减少噪点，但需要更多的光线来达到相同的曝光量。

相机提供了原生ISO，它是指相机传感器在未经任何信号增益放大的情况下，所能达到的最佳信噪比（即信号与噪声的比例）的ISO设置。在原生ISO设置下，相机传感器不必进行任何电压变化或信号增益放大，噪点水平最低，能够捕捉到最干净的图像，具备最佳的画质表现。而且，原生ISO设置下的相机动态范围最为丰富，能够保留更多的画面细节和色彩层次。

## 4.1.10 焦段

相机焦段的划分标准主要基于镜头的焦距，而焦距决定了镜头能够拍摄到的画面的视角和范围。基于焦距的不同，可以将相机镜头划分为以下焦段。

● 超广角焦段：焦距通常在24mm以下，视角宽广，适合拍摄广阔的风景或建筑，能够展现出宏伟、壮观的视觉效果。

● 广角焦段：焦距在24mm至35mm（不含）之间，视角较超广角稍窄，但仍然能够拍摄较大的场景，适合风光、建筑和人物摄影。

● 标准焦段：焦距在35mm至85mm（不含）之间，其中，50mm焦距被认为是最接近人眼视角的焦距，标准焦距拍摄的画面自然、真实，适合日常拍摄。

● 中长焦焦段：焦距在85mm至135mm之间，适合拍摄人像、静物，以及需要一定背景虚化的场景，能够突出被摄主体。

● 长焦焦段：焦距在135mm以上，视角狭窄，但具有极强的远摄能力，适合拍摄远处的景物或细节，常用于野生动物、体育赛事等拍摄场景。

以上划分标准是基于全画幅相机（35毫米相机）来定义的。对于非全画幅相机（如APS-C、M4/3等画幅），由于其传感器尺寸较小，需要使用转换系数来将镜头的实际焦距转换为等效于全画幅相机的焦距。换算公式一般为：等效焦距=镜头焦距×转换系数（不同画幅相机的转换系数不同，常见的转换系数有1.5倍、1.6倍等），这样才能更好地理解镜头的焦距在实际拍摄中的效果。

### 4.1.11 白平衡

说到白平衡，就涉及"色温"这个概念。色温是表示光线中包含颜色成分的一个计量单位，单位用"K"（开尔文，温度单位）表示。与一般认知不同，色温值越高，颜色越偏蓝，色调越冷；色温值越低，颜色越偏黄，色调越暖。在实际拍摄中，可以通过改变色温值使视频或照片呈现不同的冷暖色调，以营造画面氛围。色温高低与色调的对应关系如图4-1所示。

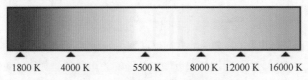

图4-1 色温高低与色调的对应关系

白平衡是将现实中白色物体还原为白色的设置，其目的是消除色温差异，使拍摄到的画面色彩看起来更自然，更接近于人眼所看到的真实色彩。白平衡也可以用来控制相机中想要偏移的色彩平衡。

## 4.2 使用相机拍摄短视频素材

下面以索尼ILME-FX3相机为例，介绍在拍摄短视频素材时主要的参数设置。拍摄者可以按机身上的快捷按钮或自定义快捷键来设置相关参数，也可使用"MENU"菜单进行设置。下面仅介绍"MENU"菜单的设置方法。

### 4.2.1 视频格式设置

使用相机拍摄短视频前，需要先对视频分辨率、帧率、码率等格式进行设置。在机身上按"MODE"按钮，如图4-2所示。选择"动态影像"模式，如图4-3所示。

图4-2 按"MODE"按钮

图4-3 选择"动态影像"模式

再按"MENU"按钮进入菜单界面，在左侧选择"拍摄"选项卡，然后选择"影像质量/记录"菜单组，如图4-4所示。选择"文件格式"菜单项，如图4-5所示。

按表示"确定"的按钮（下文简称"确定"按钮），在打开的界面中选择所需的文件格式，如图4-6所示。其中，XAVC HS 4K对应的是H.265编码的4K视频，XAVC S 4K和XAVC S HD对应的是H.264编码的4K视频和1080P视频。

图4-4　选择"影像质量/记录"菜单组

图4-5　选择"文件格式"菜单项

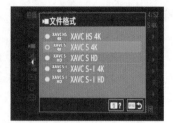
图4-6　设置文件格式

进入"动态影像设置"菜单项，选择"记录帧速率"选项，如图4-7所示。

按"确定"按钮，在打开的界面中选择所需的帧速率（一般称帧率），如图4-8所示。一般设置为25p（即25帧/秒）即可，如果视频后期需要进行慢放处理的，可以设置为50p或100p。

在"动态影像设置"菜单项中选择"记录设置"选项并进入，根据需要设置码率和色彩信息，如图4-9所示。以200M 4：2：2 10 bit为例，200M代表码率，码率越高，影像质量就越高；4：2：2代表色彩取样，指色彩信息的录制比例，比例越均匀，色彩还原度就越高，有助于在进行绿幕抠像时处理得更干净；10 bit代表色深，表示可以获取1024（即$2^{10}$）级层次的亮度信息。

图4-7　选择"记录帧速率"选项

图4-8　设置帧速率

图4-9　设置码率和色彩信息

## 4.2.2　拍摄显示设置

在拍摄短视频时，拍摄者可以设置是否在实时取景界面中显示网格线，以辅助画面构图。在"MENU"菜单中选择"拍摄"选项卡，然后选择"拍摄显示"菜单组，如图4-10所示。在该菜单组中设置"网格线显示"为"开"，"网格线类型"为"三等分线网格"，"录制时强调显示"为开，如图4-11所示。

此时即可在实时取景界面中显示三等分线网格，如图4-12所示。此外，还有方形网格和对角+方形网格的类型（见图4-13）。

在"拍摄"选项卡下选择"标记显示"菜单组，在该菜单组中可以打开"标记显示"，如图4-14所示，并根据需要设置要显示的标记类型。在此设置显示"中央标记"和2.35：1类型的纵横标记，在实时取景界面中查看标记显示效果，如图4-15所示。

图4-10　选择"拍摄显示"菜单组

图4-11　设置拍摄显示参数

图4-12　显示三等分线网格

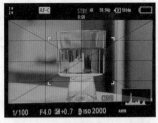

图4-13 显示对角+方形网格

图4-14 打开"标记显示"

图4-15 查看标记显示效果

## 4.2.3 手动曝光设置

快门速度对于短视频拍摄来说非常重要，一般需要设置为视频帧率2倍的倒数。例如，如果视频帧率为25帧/秒，就要将快门速度设置为1/50秒，这样拍出的画面更符合人眼所看到的动态模糊效果。因此，使用相机拍摄短视频时，需要在曝光模式中选择手动曝光模式或快门优先模式，以便控制快门速度。

按"MENU"按钮进入菜单界面，在"拍摄"选项卡下选择"照相模式"菜单组，选择"曝光模式"菜单项并按"确定"按钮，在打开的界面中选择"手动曝光"模式，如图4-16所示。将"曝光控制类型"设置为"P/A/S/M模式"，如图4-17所示。

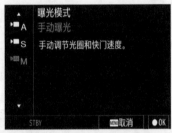

图4-16 选择"手动曝光"模式

图4-17 设置"曝光控制类型"

在拍摄短视频时，拍摄者也可根据拍摄需要使用低速或高速快门来进行拍摄。使用低速快门拍摄短视频时，如使用1/10秒的快门拍摄，画面就会有强烈的运动模糊，出现拖影现象，呈现一种飘忽不定的状态，如图4-18所示。有些题材会特意追求这种效果，但通常快门速度不应小于短视频拍摄时的帧率。

使用高速快门拍摄会减弱运动模糊，让每一帧画面中的被摄主体都非常清晰。例如，在一些产品广告短视频中，为了留住转瞬即逝的瞬间，会使用高速快门拍摄；还有一些特殊的画面也会使用高速快门拍摄，如激烈的打斗、高速赛车、鸟儿展翅飞翔等画面，如图4-19所示。

图4-18 低速快门拍摄

图4-19 高速快门拍摄

📖 **知识提示**

对于短视频创作者来说，在拍摄过程中快门速度的选择不仅是为了营造特定的视觉风格，还直接关联到画面曝光的准确性。一旦曝光失误，无论如何设置快门速度，都难以弥补由此带来的画面质量下降，这种影响比用错快门速度更为严重。

选择合适的快门速度后，再通过调整光圈和ISO参数来调整画面曝光。在调整画面曝光时，可以利用相机的曝光直方图来了解画面的曝光情况。直方图表示的是图像中不同亮度（或明度）的像素数量分布。横轴代表亮度范围，从左到右依次为黑色到白色；纵轴代表每个亮度等级下的像素数量。通过观察直方图的形状和分布，可以大致判断画面的曝光情况。例如，图4-20和图4-21所示分别为画面曝光正常和画面曝光过度的直方图显示情况。

图4-20　画面曝光正常的直方图显示情况　　图4-21　画面曝光过度的直方图显示情况

除了直方图，拍摄者还可以使用"斑马线"功能来判断画面的曝光情况。在"MENU"菜单中选择"曝光/颜色"选项卡，然后选择"斑马线显示"菜单组。按"确定"按钮进入"斑马线显示"菜单项中，设置"斑马线显示"为"开"，如图4-22所示。选择"斑马线水平"选项，按"确定"按钮，根据需要设置"斑马线水平"值，当画面中的亮度超过设定值时会显示斑马线，如图4-23所示。

图4-22　设置"斑马线显示"为"开"　　图4-23　显示斑马线

## 4.2.4　对焦设置

下面对相机的对焦进行设置，包括选择对焦模式、选择对焦区域、设置自动对焦灵敏度、设置人脸/眼部对焦、设置对焦辅助等。

### 1. 选择对焦模式

在拍摄短视频时有"连续AF"（即连续自动对焦）和"手动对焦"两种对焦模式，在"MENU"菜单中选择"对焦"选项卡，然后选择"AF/MF"菜单组，如图4-24所示。选择"对焦模式"菜单项，如图4-25所示，然后设置对焦模式即可。

图4-24 选择"AF/MF"菜单组

图4-25 选择"对焦模式"菜单项

## 2. 选择对焦区域

在拍摄短视频时，拍摄者可以根据被摄主体及对焦需求选择不同的对焦区域。在"对焦"选项卡下选择"对焦区域"菜单组，如图4-26所示。选择"对焦区域"菜单项（见图4-27），然后设置对焦区域即可。

图4-26 选择"对焦区域"菜单组

图4-27 选择"对焦区域"菜单项

对焦区域包括以下5种。

- 广域：自动对覆盖整个画面范围的被摄主体对焦。
- 区：在显示屏上选择想要对焦的位置，相机会进行自动对焦。
- 中间固定：自动对显示屏中央的被摄主体对焦。
- 点:S/点:M/点:L：可以将对焦框移动到画面的所需位置上，并对窄小区域中非常小的被摄主体对焦。
- 扩展点：如果相机无法对单个选定的点对焦，可以将点周围的对焦区域作为第二优先区域对焦。

## 3. 设置自动对焦灵敏度

在使用"连续AF"模式时，拍摄者可以设置自动对焦的灵敏度，即对"AF过渡速度"与"AF摄体转移敏度"进行设置。

"AF过渡速度"用于设置在视频拍摄期间切换自动对焦目标时的对焦速度。在"AF/MF"菜单组中选择"AF过渡速度"菜单项，如图4-28所示。按"确定"按钮，然后选择挡位，如图4-29所示，从"低速"到"高速"共有7挡。选择较高的挡位，可以更快速地对焦被摄主体；选择较低的挡位，可以更流畅地对焦被摄主体。

"AF摄体转移敏度"用于设置在视频拍摄期间当原始被摄主体离开对焦区域，或者前景中未对焦的被摄主体靠近对焦区域中心时，对焦切换到另一个被摄主体的灵敏度。在"AF/MF"菜单组中选择"AF摄体转移敏度"菜单项，如图4-30所示。按"确定"按钮，然后选择挡位，如图4-31所示，从"锁定"到"响应"共有5挡。

若想使对焦保持稳定，或者想使对焦保持在特定目标而不希望受到其他被摄主体影响时，可以选择较低的挡位；若想拍摄快速移动的被摄主体，或者想在连续切换对焦的同时拍摄多个被摄主体时，可以选择较高的挡位。

图4-28　选择"AF过渡速度"菜单项

图4-29　选择挡位

图4-30　选择"AF摄体转移敏度"菜单项

图4-31　选择挡位

## 4. 设置人脸/眼部对焦

如果被摄主体是人或动物，在自动对焦模式下可以根据需要设置"人脸/眼部AF"对焦。在"对焦"选项卡下选择"人脸/眼部AF"菜单组，如图4-32所示。选择"AF人脸/眼睛优先"菜单项，然后打开该功能，如图4-33所示。在"脸/眼摄体检测"菜单项中可以设置检测人或者动物，在"右眼/左眼选择"菜单项中可以设置对焦左眼还是右眼（从拍摄者角度看的左/右侧眼睛）。

图4-32　选择"人脸/眼部AF"菜单组

图4-33　打开"AF人脸/眼睛优先"

需要注意的是，并不是所有场景都适合人脸优先对焦。例如，在多人场景中，被摄主体背对拍摄者，但有其他人正对拍摄者，此时就会对焦到其他人脸上。

## 5. 设置对焦辅助

当对焦模式为手动对焦时，可以使用"对焦放大"功能辅助对焦。在"对焦"选项卡下选择"对焦辅助"菜单组，如图4-34所示。选择"对焦放大"菜单项，如图4-35所示。

按"确定"按钮，选择要放大的区域，如图4-36所示。按4次"确定"按钮，此时影像被放大4倍，如图4-37所示。观察对焦情况，并根据需要手动调节对焦环确认对焦。

在"对焦"选项卡下选择"峰值显示"菜单组，设置"峰值显示"为"开"，"峰值水平"为"高"，"峰值色彩"为"红"，如图4-38所示。此时，在实时取景界面中可以看到实焦部分显示出峰值，如图4-39所示。

图4-34 选择"对焦辅助"菜单组

图4-35 选择"对焦放大"菜单项

图4-36 选择放大区域

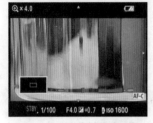
图4-37 影像被放大4倍

图4-38 设置"峰值显示"参数

图4-39 实焦部分显示出峰值

## 4.2.5 白平衡设置

白平衡设置用来校正环境光条件下的色调效果。在"MENU"菜单中选择"曝光/颜色"选项卡，选择"白平衡模式"菜单组，如图4-40所示。选择"白平衡模式"菜单项，如图4-41所示。

图4-40 选择"白平衡模式"菜单组

图4-41 选择"白平衡模式"菜单项

按"确定"按钮进入白平衡设置界面，选择"自动"白平衡，如图4-42所示，相机自动检测光源并调节色调。也可根据场景选择预设白平衡，如日光、阴影、阴天、白炽灯（见图4-43）、荧光灯等。

图4-42 选择"自动"白平衡

图4-43 选择预设白平衡（白炽灯）

还可以手动调整色温K值来校正白平衡，或者对画面进行调色处理。选择"色温/滤色片"选项，然后手动调整色温K值，在此将色温调至4700 K，如图4-44所示，使画面偏暖。此外，还可以调整白平衡偏移，对画面进行风格化调色。按控制拨轮的右键，打开白平衡偏移界面，根据需要调整色彩偏移，如图4-45所示。

图4-44 调整色温K值

图4-45 调整色彩偏移

白平衡模式中的"自定义"白平衡可以让相机捕捉标准白色来自动设置白平衡。选择"自定义"白平衡选项，选择 SET，如图4-46所示。将白平衡捕捉框移至灰色或白色的物体上，如灰板、白纸、白墙等，按"OK"键，如图4-47所示，即可捕获自定义白平衡。

图4-46 选择 SET

图4-47 捕获自定义白平衡

📑 知识提示

如果要拍摄许多相似主题或者连续拍摄，自定义白平衡是一种不错的方法，以便在视频中获得正确的白平衡，而无须在后续处理中对白平衡再做调整。自定义白平衡与预设白平衡一样，当移动场景或光线条件改变时应及时更改白平衡。

在实际拍摄中，拍摄者可以根据场景和需求选择合适的白平衡优先级。在"白平衡模式"菜单组中选择"AWB优先级设置"选项，按"确定"按钮，选择所需的优先级即可。除了默认的"标准"优先模式，还有"环境"和"白"优先模式。

"标准"优先模式就是用标准自动白平衡拍摄，相机会自动调节色调。"环境"优先模式会考虑到复杂的拍摄环境中光线、色彩、阴影的色温高低和变化，拍出来的画面可能会偏暖色，如图4-48所示，适合想要营造温暖氛围时的拍摄。而"白"优先模式更适合拍摄人像和背景是白色的场景，可以排除现场环境光源色温对物体（尤其是白色物体）的色彩影响，能够较好地还原拍摄现场中白色物体的色彩，但拍出来的画面可能会偏冷，如图4-49所示。

图4-48 选择"环境"优先模式

图4-49 选择"白"优先模式

### 4.2.6 慢动作和快动作设置

慢动作拍摄（也称升格）能够以更高的帧率捕捉短时间内的动作变化，并在播放时以慢速呈现，使观众能够细致入微地观察到动作变化过程中的每一个细节。相对地，快动作拍摄（也称降格）指的是通过降低帧率的方式，使视频的播放速度变快，使画面呈现出一种抽帧或者卡顿的效果。

按"MODE"按钮选择"慢和快动作"模式，如图4-50所示。按"确定"按钮，然后选择"手动曝光"模式，如图4-51所示。

选择"慢和快动作"模式后，实时取景界面左上方会显示S&Q模式。按"MENU"按钮，在"拍摄"选项卡下"影像质量/记录"菜单组中选择"慢和快设置"菜单项，如图4-52所示。按"确定"按钮进入"慢和快设置"菜单中，如图4-53所示，在界面左下方会显示当前的慢和快动作设置情况。

选择"记录帧速率"选项并按"确定"按钮，在打开的界面中选择相应的记录帧速率，如图4-54所示，它表示升格或降格后的视频帧率。在"慢和快设置"菜单项中选择"帧速率"选项并按"确定"按钮，在打开的界面中选择相应的帧速率，如图4-55所示。这里的帧速率代表拍摄帧率，即在拍摄时每秒拍摄的张数。用帧速率除以记录帧速率，即可得到升格或降格的倍数。

图4-50 选择"慢和快动作"模式
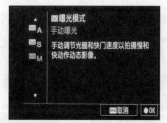
图4-51 选择"手动曝光"模式

图4-52 选择"慢和快设置"菜单项

图4-53 "快和慢设置"菜单

图4-54 选择相应的记录帧速率
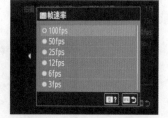
图4-55 选择相应的帧速率

## 4.3 优化相机拍摄效果

使用相机拍摄短视频时，可以通过提升画面表现力和保持画面稳定来优化拍摄效果，为观众带来更好的观看体验。

### 4.3.1 提升画面表现力

图片配置文件是索尼相机专为视频拍摄提供的一项画质调整功能，可以让用户调整拍摄视频的影像特性参数，从而改变视频的视觉效果和色彩呈现，提升画面的表现力。图片配置文件包括多种预设，从PP1到PP11，每种预设都有其独特的特点和适用场景。

● PP1～PP4：这些预设通常适用于直接输出视频，画面细节较少，对比度、色彩饱和度等参数各不相同，拍摄者可以根据拍摄场景和所需氛围进行选择。

● PP5～PP6：这些预设提供了更宽的动态范围，能够模拟电影质感，适合户外阴天等明暗对比适中的场景，同时支持后期调色。

● PP7～PP9：这些预设使用了S-Log伽马曲线，能够保留更多的画面细节，但色彩饱和度会降低。拍摄时需要使用较高的ISO值，并且拍摄后的视频必须进行后期调色才能还原真实色彩。它们适合现场光线明暗对比较大的场景，或者需要保留大量细节的被摄对象。

● PP10：使用HLG2曲线和BT.2020色彩模式，提供大画面动态范围，同时对比度、亮度和色彩饱和度都比S-Log曲线中高。它无须复杂的后期调色即可直出视频，适合日常多数场景。

● PP11：使用S-Cinetone色彩模式，专为电影制作和高质量视频拍摄而设计。PP11的色彩调校非常精准，能够呈现出非常自然的色彩表现，同时还能保留大量的画面细节，使画面更加真实、生动，且富有层次感。

进入"MENU"菜单，在"曝光/颜色"选项卡下选择"颜色/色调"菜单组，选择"图片配置文件"菜单项，如图4-56所示。按"确定"按钮，根据需要选择所需的PP值，如选择PP6配置文件（见图4-57），在实时取景界面中预览画面效果。

图4-56　选择"图片配置文件"菜单项　　图4-57　选择PP6配置文件

选择PP10配置文件，如图4-58所示，预览画面效果。选择PP11配置文件，如图4-59所示，预览画面效果。

图4-58　选择PP10配置文件　　图4-59　选择PP11配置文件

拍摄者还可根据需要灵活调整图片配置文件的参数，按控制拨轮的右键，然后选择要调整的选项，如选择"饱和度"选项，如图4-60所示。按"确定"按钮，根据需要调节饱和度参数，如图4-61所示。

图4-60　选择"饱和度"选项　　图4-61　调节饱和度参数

> **知识提示**
>
> 　　要想拍出细腻且有电影感的画面，除了使用图片配置文件，还可打开Log拍摄模式（默认为关闭状态）。在该模式下拍出来的视频画面是灰片，在拍摄时可以选择机内Lut或者导入喜欢的风格Lut进行监看，以便确认画面曝光情况，以及更直观地看到后期套用Lut后的画面效果。

## 4.3.2　保持画面稳定

　　在使用相机拍摄视频时，保持画面稳定是提高视频质量的关键。下面简要介绍一些保持画面稳定的方法。

　　（1）正确手持相机

　　拍摄者在手持相机进行视频拍摄时，保持双臂紧贴身体，用双手握住相机并尽量保持稳定。站立时，双脚分开与肩同宽，保持身体稳定。移动时，尽量保持平稳的步伐，避免突然的动作。同时，可以利用腰部旋转来配合拍摄，以增加画面的流畅性和稳定性。

　　（2）使用稳定设备

　　常用的辅助稳定设备有相机稳定器（见图4-62）、三脚架（见图4-63）或独脚架（见图4-64）。

图4-62　相机稳定器

图4-63　三脚架

图4-64　独脚架

　　相机稳定器通过内置的陀螺仪和算法来检测并补偿手部的微小抖动，从而保持画面的稳定。部分稳定器还能直接操控相机机身的电子跟焦系统。

　　虽然三脚架在手持拍摄时可能不太方便，但在某些情况下（如静态拍摄或需要长时间曝光时），它能有效防止相机抖动，确保画面清晰。

　　独脚架则更加便携且灵活，适合需要移动拍摄的场景（如活动现场等），它能减轻拍摄者手臂的负担，保证画面稳定。

　　（3）技术调整

　　技术调整方法主要有利用防抖功能、提高帧率，以及选择合适的镜头等。

　　● 利用防抖功能：许多相机配备了光学防抖功能，开启并优化这些功能可以在一定程度上减少画面抖动。

　　● 提高帧率：在条件允许的情况下，提高帧率可以提供更流畅的视觉效果，有助于减少画面抖动。

　　● 选择合适的镜头：广角镜头可以减少画面抖动对整体效果的影响，长焦镜头则容易放大画面抖动，因此拍摄时应尽量避免使用长焦镜头。

# 课堂实训：使用相机拍摄短视频素材

## 1. 实训背景

随着移动互联网技术飞速发展和智能手机的普及，人们能够随时随地观看和创作短视频。高速的网络连接和先进的视频压缩技术，使得短视频的加载和播放速度更快，用户体验更佳。同时，短视频创作工具的不断优化和智能化，如各种视频剪辑软件和特效滤镜，降低了创作门槛，使得更多人能够参与到短视频的创作中来。

短视频的兴起也推动了网络文化的多元化发展。各种短视频内容不仅展示了各地的风土人情、文化特色，还促进了不同文化之间的交流和融合。同时，短视频也成为年轻人表达自我、展示才华的重要平台，推动了网络文化的创新和发展。

在这个背景下，拍摄工具的选择变得尤为重要。相机，尤其是专业级的相机，因其出色的画质、丰富的功能和专业的操作体验，逐渐成为短视频创作者的重要拍摄工具。

## 2. 实训要求

根据自己的兴趣选择一个拍摄主题，设置相机参数来拍摄短视频素材。

## 3. 实训思路

（1）设置视频格式

设置文件格式为XAVC S HD，记录帧速率为50p（即50帧/秒），记录设置为200M 4：2：2 10 bit。

（2）显示网格

设置在实时取景界面中显示对角+方形网格。

（3）设置手动曝光

选择手动曝光模式，设置快门速度为1/100秒，调整光圈为最佳光圈，使用直方图和斑马线判断画面的曝光情况。

（4）设置画面对焦

选择"连续AF"自动对焦模式并打开"人脸/眼部对焦"功能，设置对焦区域为广域，根据需要调整"AF过渡速度"和"AF摄体转移敏度"参数，打开"峰值显示"功能辅助对焦。

（5）设置白平衡

手动调整色温值来设置白平衡，或者使用自定义白平衡，设置完成后根据需要进行色彩偏移调整。

（6）设置慢和快动作

切换到"慢和快动作"模式，设置记录帧速率和帧速率，以拍摄4倍慢动作视频和50倍快动作视频。

# 课后练习

1. 简述视频分辨率和视频帧率。
2. 简述色深对视频画面的影响。
3. 简述不同白平衡优先级模式对画面的影响。

第 **5** 章

# 使用手机拍摄短视频

## 学习目标

➢ 认识手机中的重要拍摄参数。
➢ 掌握使用手机拍摄短视频素材的方法。
➢ 掌握保持拍摄画面稳定的技巧。

## 本章概述

随着智能手机技术的飞跃，即便是非专业摄影师也能轻松驾驭手机，拍摄出精彩纷呈的短视频来记录生活点滴、展现个人创意、分享故事。本章将介绍如何使用手机拍摄短视频，认识手机中的重要拍摄参数，学习手机拍摄的方法和技巧。

## 本章关键词

手机相机的功能设置　曝光和对焦锁定　对焦模式
延时摄影　慢动作　画面稳定

# 5.1 认识手机中的重要拍摄参数

在学习使用手机拍摄短视频前，先认识有关手机相机的重要拍摄参数，这些参数直接决定了手机拍摄短视频的画质和体验。

## 5.1.1 传感器

传感器是手机摄像头捕捉光线的核心部件，它能将接收到的光线转换为电信号，进而生成数字图像。传感器的性能直接影响手机的成像质量。摄像头像素是指传感器上能够捕捉到的图像细节的数量，通常以百万像素（MP）为单位。传感器的尺寸、像素数量、像素大小以及动态范围等因素都会直接影响图像的清晰度、细节保留、色彩还原和噪点控制等方面。

随着技术的不断进步，手机的传感器尺寸持续扩大，以追求更高的成像质量和低光环境下的表现力。截至本书编写时，旗舰机型普遍采用1/1.3英寸及以上尺寸的传感器，甚至部分机型已经搭载了1英寸大底传感器。例如，OPPO Find X7 Ultra、Xiaomi 14 Ultra等机型就采用了这种大尺寸传感器。

随着AI技术的不断发展，手机在传感器与AI技术的融合方面也取得了显著进展。通过AI算法的应用，手机能够自动识别拍摄场景并调整相机参数，以获得最佳成像效果。同时，AI技术还能对拍摄后的照片和视频进行自动优化处理，如去除噪点、增强细节、调整色彩等。

除了传感器尺寸的增大，手机像素也呈现出明显的上升趋势。截至本书编写时，旗舰机型的主摄像头像素普遍在5000万以上。需要注意的是，高像素并不是唯一的追求，更重要的是如何在高像素的基础上保持优秀的成像质量和图像处理算法。一些手机厂商引入了多像素合成技术，通过合并多个像素点来提升感光能力和成像质量；还有一些厂商采用了双转换增益（DCG）技术，以改善低光环境下的拍摄效果。这些技术的引入使手机在复杂光线环境下也能拍摄出清晰、细腻的照片和视频。

## 5.1.2 摄像头数量

目前手机普遍采用多摄像头，以覆盖更广泛的拍摄场景和焦段。常见的摄像头数量包括三摄、四摄，甚至更多。多摄像头配置通常包括主摄、超广角镜头、长焦镜头及微距镜头等，这些镜头各自承担不同的拍摄任务。随着技术的不断发展，手机摄像头在功能上也进行了很多创新，如可变光圈、潜望式长焦、微距摄影、AI摄影优化、计算摄影等。

● 可变光圈：一些手机开始引入可变光圈技术，如小米14 Ultra的f/1.63~f/4.0无级可变光圈，如图5-1所示，能够根据拍摄环境自动调整光圈大小，以获得更好的景深效果和进光量。

● 潜望式长焦：潜望式长焦通过特殊的光学设计实现了更长的焦距，同时保持较小的机身厚度。例如，OPPO Find X7 Ultra就采用了双潜望式长焦镜头，如图5-2所示，覆盖了从广角到长焦的全焦段拍摄需求，支持6倍的光学变焦、最高120倍的数字变焦。

● 微距摄影：微距摄影功能在手机中越来越受到重视。例如，华为Pura 70 Ultra的超聚光微距长焦镜头支持35倍超级微距拍摄，让用户能够探索微观世界的奇妙。

● AI摄影优化：借助先进的AI算法，手机能够自动识别拍摄场景并进行优化，如人像、风景、夜景等。AI还能进行色彩管理、噪点抑制和细节增强，进一步提升照片和视频质量。

● 计算摄影：计算摄影技术利用手机的强大处理器和算法，对拍摄到的图像进行实时处理和优化，包括多帧合成、HDR（高动态范围）、夜景模式等，使手机在复杂光线环境下也能拍摄出清晰、亮丽的照片和视频。

图5-1　小米14 Ultra可变光圈镜头

图5-2　OPPO Find X7 Ultra双潜望式长焦镜头

## 5.1.3　光圈

光圈是镜头中控制光线进入相机传感器的开口大小，用f值表示。f值越小，光圈越大。大光圈能够在低光环境下捕捉更多光线，提高画面亮度，同时产生更浅的景深效果，使被摄主体更加突出。手机在光圈技术上的发展主要表现为大光圈、可变光圈技术，以及潜望式长焦镜头与大光圈的结合等方面。

大光圈已成为新款手机的标配。例如，vivo X200 Pro搭载了5000万像素的大底主摄，拥有1/1.28英寸的感光面积和f/1.57的大光圈。这样的配置不仅提升了捕捉光线能力，还保证了在低光环境下的图像质量，为用户带来更加清晰、细腻的画面。

可变光圈技术是指手机镜头能够根据拍摄场景和需求，自动或手动调节光圈的大小，从而控制进光量和景深范围。这一技术的引入极大地提升了手机摄影摄像的灵活性和创意性。例如，华为Mate 60系列手机的十挡可变光圈技术，将光圈范围从f/1.4调整至f/4，使得用户在不同光线条件下都能获得理想的曝光效果和景深控制。

潜望式长焦镜头在保持高倍变焦能力的同时，也加入了大光圈设计。vivo X200 Pro的潜望式长焦镜头采用了2亿像素传感器，具备1/1.4英寸的感光面积和f/2.67的光圈，支持高倍变焦的同时保持出色的清晰度，这对于拍摄远处景物或进行人像特写等场景很有帮助。

## 5.1.4　变焦

变焦是指通过调整摄像头的焦距来改变拍摄画面的视角和范围，从而实现对远近不同景物的清晰拍摄。变焦技术主要分为光学变焦、数字变焦和混合变焦三大类。

光学变焦是通过移动镜头内部的镜片组来改变焦距，从而实现变焦效果，这种变焦技术可以保持图像在变焦过程中的清晰度。数字变焦是通过软件算法对拍摄到的图像进行修剪和放大，以达到变焦的效果。混合变焦则是将光学变焦和数字变焦相结合，先通过光学变焦达到一定的倍数，再通过数字变焦进一步地放大，这种方式可以在保证图像清晰度的同时，实现更高的变焦倍数。

以前手机镜头的光学变焦倍数大多在2倍至3倍之间，现在许多配备了潜望式长焦镜头的手机能够实现5倍甚至更高的光学变焦。在多摄像头系统中，不同摄像头之间的协同工作成为提升变焦能力的重要手段。例如，一些手机在变焦过程中会自动切换不同的摄像头来保持最佳成像质量，同时利用算法对图像进行优化和融合，以实现更平滑的变焦过渡和更出色的图像质量。

## 5.1.5　光学防抖

在使用手机拍摄短视频时，镜头的防抖功能非常重要，它能显著提升画面的稳定性和清晰度。

目前，手机多采用光学防抖（OIS）技术。该技术通过在镜头模组内部采用特殊的结构设计和材料，实时调整镜片或镜头组的位置，以抵消手抖或其他外部因素导致的图像模糊，从而提升照片和视频的质量。

光学防抖技术越来越成熟，部分厂商还推出了微云台防抖、传感器位移式光学防抖等更高级别的防抖技术。

以vivo为代表的厂商使用微云台防抖技术。该技术实际上是把云台的核心结构进行微型化后整个放入手机，由镜头+CMOS传感器的双滚珠悬架和磁动框架构成，工作时镜头和CMOS传感器一起转动，实现了在横轴、纵轴上的双轴转动，拥有更立体的防抖效果。

以苹果为代表的厂商使用传感器位移式光学防抖技术。该技术通过移动感光元件（CMOS）来实现防抖，同时结合每秒数千次的防抖调整计算，保证了更稳定的防抖性能。

# 5.2 使用手机拍摄短视频素材

在拍摄短视频的过程中，调整拍摄参数是提升视频画质的关键，可以让画面更细腻、更生动。下面以华为Pura 70手机为例，介绍在拍摄短视频时如何设置这些关键参数，以充分发挥手机的拍摄潜力。

## 5.2.1 手机相机的功能设置

在使用手机拍摄短视频前，需要对手机的相机功能进行相关设置，如设置分辨率和帧率、选择色彩风格、选择拍摄模式等。

打开手机相机并切换到"录像"模式，在录像界面左上方可以看到当前的分辨率和帧率，点击分辨率和帧率图标，如图5-3所示，即可进行切换。也可以点击快门下方的 ⌒ 图标，或者在 ⌒ 图标附近向上滑动，调出快捷选项设置分辨率和帧率。

在录像界面上方点击"设置"按钮◙，进入设置界面，在"通用"选项下打开"参考线"功能，如图5-4所示，取景界面中会出现九宫格辅助线，用于辅助画面元素构图。打开"水平仪"功能，取景界面中会出现水平辅助线，用于观察拍摄角度是否水平。

在"视频"选项下可以设置视频分辨率和视频帧率，点击"视频分辨率"选项，在弹出的界面中选择视频分辨率，如图5-5所示。

在视频设置中，可以根据需要打开"高效视频格式"功能和"HDR Vivid录制"功能。其中，"高效视频格式"采用先进的编码技术，能够在保证视频画质的前提下，大幅缩小文件体积，从而节省存储空间。例如，在拍摄高帧率慢动作视频时，就可以将该功能打开。"HDR Vivid录制"是华为手机为了提升视频色彩和对比度而引入的一项技术。它基于HDR标准，能够对视频的色彩、亮度、对比度进行逐帧优化，使画面更加通透、立体，使色彩更加饱满。

点击"XMAGE风格"图标▤，在弹出的界面中可以选择"原色""鲜艳"和"明快"三种风格。

● "原色"风格在保持事物本来色彩的基础上，还会对暗部和亮部的细节进行优化，改善画面的整体质量。

● "鲜艳"风格的画面更加浓郁、华丽，能够增强画面的视觉冲击力和氛围感，适合拍摄饱和度较高、明暗反差较大的场景。

● "明快"风格的色彩饱和度相对较低，但明度较高，会让画面看起来更加通透、明亮，给人一种温馨、愉悦的感觉。

图5-6所示为分别使用这三种风格拍摄同一画面的显示效果。

图5-3　点击分辨率和帧率图标

图5-4　设置界面

图5-5　选择视频分辨率

图5-6　不同的XMAGE风格效果

此款手机还支持在"超级微距"模式和"大光圈"模式下录像。在拍摄界面下方点击"更多"按钮，进入"更多"界面，如图5-7所示，选择相应的拍摄模式即可。点击"大光圈"图标◎进入"大光圈"拍摄模式，如图5-8所示，点击"录像"图标◻️切换为"录像"模式，然后点击"光圈"图标◎，再点击"物理光圈"选项，根据需要选择合适的光圈大小，包括f/1.4、f/2、f/2.8、f/4四挡光圈。

在"更多"界面中，点击"超级微距"图标🔬进入"超级微距"拍摄模式，如图5-9所示，点击"录像"图标◻️切换为"录像"模式。在该模式下能够在极近的距离内拍摄清晰、细腻的画面，还可通过调整变焦倍数进一步放大被摄物体，并手动调整对焦位置，以实现更加精细的拍摄效果。此外，在"录像"模式下，当镜头非常靠近被摄主体时，画面上会提示拍摄者是否打开"超级微距"模式。

图5-7  "更多"界面

图5-8  "大光圈"拍摄模式

图5-9  "超级微距"拍摄模式

## 5.2.2 画面对焦和曝光设置

使用手机拍摄短视频时，设置对焦和曝光是确保视频质量的关键步骤。下面将详细介绍如何设置画面对焦和曝光。

### 1. 设置对焦

对焦是指相机准确地将焦点对准被摄主体，快速、准确的对焦能够确保画面清晰。目前，手机普遍采用自动对焦系统，并结合AI算法进行优化，以实现更快速、更精准的对焦。拍摄者也可在屏幕上点击被摄主体，屏幕上会出现一个对焦框，其作用是对框住的景物进行对焦和自动曝光，保证被摄主体清晰且亮度适中。

图5-10所示为在自动对焦的情况下手机相机将焦点对准近处的石头，但这并不是拍摄者想要对焦的位置。此时可以点击水池中的雕塑，进行手动对焦，如图5-11所示。

图5-10  自动对焦

图5-11  手动对焦

在拍摄处于运动状态的主体，如行走的人物、行驶的车辆，或者是当手机本身处于移动中录制视频时，由于被摄主体在画面内的位置不断变化，手机的自动对焦系统可能会因为跟不上这种变化而导致对焦不准确，进而产生画面模糊的现象。为了避免出现这种问题，可以采取锁定对焦的方式，以确保被摄主体清晰。

拍摄者只需简单地在屏幕上长按所需对焦的被摄主体约2秒，即可实现对该被摄主体的对焦锁定，界面上方会显示"曝光和对焦已锁定"字样。此后，即便是在移动中拍摄视频，锁定的被摄主体也能保持其清晰度，如图5-12所示。

图5-12 锁定对焦拍摄

## 2. 设置曝光

曝光是指相机镜头允许光线进入相机的时间长短，它决定了画面的明亮程度。曝光过度会导致画面过亮，细节丢失；曝光不足则会使画面过暗，同样影响观看效果。图5-13所示为在画面中的牌匾位置点击进行对焦和自动曝光，可以看到墙面和地面反光部分过曝。此时向下拖动对焦框旁的小太阳图标▩，如图5-14所示，即可减少曝光补偿，找回墙面和地面细节。

图5-13 默认曝光　　　　　　　　　　　图5-14 减少曝光补偿

在拍摄过程中，面对不同光照条件时，对曝光补偿的调整尤为重要。具体来说，若被摄主体后方存在大面积明亮的背景，如逆光场景，为了确保被摄主体得到准确曝光，应适当增加曝光补偿，以防止被摄主体因背景过亮而显得暗淡；相反，若被摄主体位于深色或阴暗的背景前，为了避免背景过暗导致相机自动增加曝光而使被摄主体曝光过度，应适当减少曝光补偿，以保持被摄主体的曝光准确。

在手持手机移动拍摄或在光线条件频繁变化的场景中拍摄时，通常需要锁定曝光，以免画面出现突兀的明暗波动，保持视觉上的连贯性和舒适度。锁定曝光的方法与锁定对焦的方法一样，在手机的录像模式下长按屏幕2秒，即可同时锁定曝光和对焦，如图5-15所示。随后，根据需要调整曝光补偿，如图5-16所示。

图5-15 锁定曝光和对焦　　　　　　　　图5-16 调整曝光补偿

💡 **小技巧**

在光线比较均匀的拍摄场景中，一般只需针对主体景物进行曝光和对焦锁定，即可拍到曝光稳定的画面。在光影交错、明暗频繁变化的场景中，会优先针对画面中的高亮部分进行曝光和对焦锁定，以确保亮部区域的曝光恰到好处，防止因光线强度的波动而导致画面整体亮度发生不必要的变化。

## 5.2.3　使用专业模式拍摄

手机相机的专业模式为拍摄者提供了像相机一样手动操控拍摄参数的功能，使拍摄者能够更精准地控制拍摄效果，从而创作出更具创意和个性化的视频作品。

### 1.　设置画面曝光

在手机拍摄界面下方选择"专业"拍摄模式，然后点击"录像"图标 切换到"录像"模式，拍摄者可以通过精细调整测光模式（M）、感光度（ISO）、快门速度（S）及曝光补偿（EV）等参数来优化和控制画面的曝光效果。

测光就是根据镜头捕捉的画面自动调节明暗。在使用自动曝光时，测光模式关系到视频的曝光效果，进而影响整个画面的明暗、细节保留和色彩表现。在专业模式下点击M图标，选择所需的测光模式，包括"矩阵测光""中央重点测光"和"点测光"3种测光模式。图5-17所示为使用这3种测光模式拍摄同一场景。

● ▣矩阵测光：根据整个画面亮度计算平均值，能够确保整个画面曝光均匀，避免局部过曝或欠曝，适用于光照均匀的场景。

● ▣中央重点测光：将测光的重点放在画面中央区域，在确保主体曝光准确的同时保持周边环境的适当亮度，适合拍摄主体突出的场景，如人像、花卉、动物等。

● ▣点测光：仅对测光点覆盖的区域测光，适用于精确控制画面明暗的场景拍摄，如特写镜头或光线对比强烈的场景。

**图5-17　使用3种测光模式拍摄同一场景**

选择合适的测光模式后，再结合曝光补偿来调整整体曝光。例如，使用矩阵测光在一个暗光环境下拍摄花窗和案台，可以看到画面整体变得明亮，但花窗和案台上的摆设出现曝光过度问题，如图5-18所示。点击EV图标，向左拖动滑块减少曝光补偿。随着EV值的调整，程序将对感光度和快门速度进行设置以改变曝光，根据需要将EV调整为合适的值，然后长按EV图标锁定曝光，如图5-19所示。

图5-18 画面曝光过度 图5-19 调整曝光补偿并锁定曝光

拍摄者还可根据需要手动调整感光度、快门速度和光圈参数，以精准控制曝光和景深，获取更加理想的画面。在此，将感光度调整为50。在调整光圈参数时，快门速度会根据画面曝光情况自动调整。先将快门速度调整为30，然后调整光圈的参数控制画面曝光，观察光圈对画面曝光的影响。图5-20所示为将光圈参数分别调为f/3.2、f/2.8、f/2.2的画面曝光情况。

图5-20 调整光圈参数改变画面曝光

光圈、快门速度和感光度的调整顺序需要根据具体的拍摄场景和光线条件来决定，一般的顺序为光圈→快门速度→感光度。优先考虑设置光圈，因为它直接关联到画面的景深效果和进光量。在拍摄人像或静物时，可以选择"大光圈"以突出主体并虚化背景；在拍摄风景时，可以选择"小光圈"以保持画面整体清晰。

快门速度用于控制画面的明暗和运动物体的清晰度。较快的快门速度适合拍摄快速运动的物体以避免模糊，较慢的快门速度则适合表现运动场景或需要表现动态效果的场景。例如，在下雨天拍摄雨的轨迹时，设置快门速度为1/30秒，能够拍出较长的雨丝效果；将快门速度设置为1/1000秒以上，能够拍出清晰的雨滴效果，如图5-21所示。

图5-21　不同的快门速度拍摄雨的轨迹

当光圈和快门速度都设置好后，如果画面仍然过暗或过亮，可以通过调整感光度来进一步调整曝光。建议在光线充足的情况下使用较低的感光度值（如100或200），以获得清晰、噪点少的画面。

## 2. 设置对焦模式

在专业模式下有三种对焦模式，分别是AF-S（单次自动对焦）、AF-C（连续自动对焦）和MF（手动对焦）。不同的对焦模式能够应对不同的拍摄场景和满足不同的需求，帮助拍摄者更好地捕捉画面、表达创意。

● AF-S：该模式对被摄对象进行一次性对焦成像，以确保被摄对象清晰，适用于拍摄静止的物体或场景，如风景、静物等。

● AF-C：该模式会对被摄对象进行连续的对焦，适合拍摄运动的物体，如运动员、奔跑的动物或快速移动的车辆等。AF-C模式能够持续跟踪被摄对象，确保即使被摄对象在移动也能保持画面清晰，长按AF-C按钮还可以锁定焦点，如图5-22所示。

图5-22　AF-C

- MF：该模式类似于在取景框中轻点进行对焦。在该模式中会出现一个滑动条，最左侧为微距图标🌸，最右侧为景物图标🏔️，拖动对焦滑块即可精确控制对焦位置，确保指定位置是清晰的。图5-23所示为近距离拍摄木窗时，通过手动对焦控制木窗近处还是远处更清晰。

图5-23 MF

---

**知识提示**

MF常用在自动对焦不佳的情况下，如环境光线差、对焦位置反差小，主体前有遮挡物，或者微距场景自动对焦不准确等情况。拍摄者可以利用MF来营造特定的氛围或情感，实现画面虚/实焦转换、焦点逐渐转移的效果。

---

## 3. 设置白平衡

在专业录像模式中点击"白平衡"图标WB，在打开的选项中可以选择自动白平衡、阴天、荧光、白炽光、晴天等预设白平衡，以及手动白平衡设置。一般情况下选择自动白平衡即可，如图5-24所示，手机相机的传感器会测量环境的色温，并据此调整相机的颜色平衡，以确保色彩的自然呈现。

也可以点击🌸图标，拖动滑块手动调整色温K值，如图5-25所示，数值越小画面色彩越冷，数值越大画面色彩越暖。手动调整白平衡可以灵活控制画面色彩，实现特定的色彩效果或氛围，如冷暖色调的对比、特定色调的强调等。

图5-24 自动白平衡　　　　　　　　图5-25 手动调整色温K值

虽然自动白平衡在大多数情况下都能提供令人满意的结果，但在某些复杂光源环境下可能会产生色偏。例如，当拍摄环境中存在多种光源（如自然光与室内灯光混合）时，自动白平衡可能无法准确识别并平衡所有光源，导致画面色彩偏差。此时，手动调整白平衡可以确保画面色彩的一致性。还有一些如彩色灯光等特殊光源，也会产生特定的色彩偏差，使自动白平衡可能无法准确还原色彩。通过手动调整白平衡，即可消除或减弱这些色彩偏差，使画面更加自然。如果拍摄时无法完全解决白平衡问题，还可以在后期制作阶段进行白平衡的调整。

## 5.2.4　使用"延时摄影"拍摄

延时摄影是通过降低前期拍摄的帧率，后期再以常规帧率播放视频来实现的。例如，拍摄者选择每秒仅捕捉1帧画面，这意味着在真实时间的流逝中，每一秒都被简化为了一个静态的瞬间。然而在后期制作阶段，当这些画面被以每秒30帧的速度连续播放时，原本缓慢甚至难以察觉的变化过程就被极大地加速了。

为了拍摄出高质量的延时摄影作品，应选择合适的拍摄地点，确保光线充足且变化丰富，特别是黄昏和黎明时分柔和的光线最为理想；同时，背景的选择要具有层次感，避免画面杂乱无章，而前景也可以巧妙地进行布置，以提升画面的趣味性和吸引力。

使用手机拍摄延时摄影视频时，需要使用三脚架固定手机拍摄，也可以手持稳定器移动拍摄。方法为：在手机相机的"更多"界面中点击"延时摄影"图标 ◙，进入"延时摄影"拍摄模式，在取景框中点击画面进行对焦，然后点击"录制"图标 ⊙，如图5-26所示，即可使用自动模式拍摄延时摄影视频。

若要手动设置拍摄参数，可以点击 ▭ 图标进入手动模式，在该模式下设置拍摄速率、录制时长及各种拍摄参数。拍摄速率的设置即选择所需的抽帧时间，也就是选择多长时间拍摄一帧，抽帧时间越大，视频播放看起来就越快。点击"PRO"图标，根据需要设置测光方式、感光度、快门速度、曝光补偿、对焦方式、白平衡等参数，如图5-27所示。设置完成后点击"录制"图标 ⊙，开始拍摄延时摄影视频。

图5-26　使用自动模式拍摄延时摄影

图5-27　设置拍摄参数

## 5.2.5　使用"慢动作"拍摄

"慢动作"拍摄模式是一种能够捕捉并延长运动场景中精彩瞬间的拍摄模式，它通过提高视频的帧率来实现。例如，前期用120帧/秒、240帧/秒、960帧/秒的帧率来拍摄视频，后期用30帧/秒的帧率来播放视频，即可实现4倍、8倍、32倍的慢放效果。

慢动作视频适合拍摄动态的场景，如人物行走、奔跑、跳跃、舞蹈及表情的变化等，也适合拍摄运动比赛、汽车竞速、飞行等高速运动的场景。它可以表现运动物体的细节变化，增强视频的视觉冲击力和观赏性。

　　慢动作拍摄对光线条件有较高的要求，在光线充足且柔和的环境下进行拍摄才能获得最佳的画质与清晰度。同时，拍摄时还需要借助工具来稳定手机，避免产生模糊或抖动的视频画面。

　　在手机相机的"更多"界面中点击"慢动作"图标◙，如图5-28所示，进入"慢动作"拍摄模式。打开快捷选项并点击"帧率"图标▥，根据需要选择合适的帧率，如图5-29所示。也可以点击"速率"图标，然后选择所需的慢放倍数。

图5-28　"慢动作"拍摄模式

图5-29　选择帧率

# 5.3　保持拍摄画面稳定的技巧

　　在使用手机拍摄短视频时，往往会遇到画面抖动的问题。这不仅会影响视频画面的稳定性，也极大地降低了观众的观看体验。因此，保持拍摄画面的稳定尤为重要。下面介绍一些保持拍摄画面稳定的技巧。

## 5.3.1　稳定身体姿势

　　在手持手机拍摄短视频时，可以通过稳定身体姿势来防止画面抖动。

　　• 双手握持手机：左右手的大拇指分别置于手机底部边缘作为支撑，食指轻握手机顶部边缘，其余三指并拢，自然贴合于手机的左右两侧边缘。这样，通过大拇指、食指与其余手指的协同作用，手机被稳固地"夹"在双手之间，极大提升了拍摄的稳定性。

　　• 保持正确的姿势：双肘贴紧身体，利用身体作为支撑点，增强稳定性。

　　• 注意呼吸：调整呼吸节奏，匀速深呼吸，或者深吸一口气憋气拍摄，避免因为呼吸急促而导致身体抖动。

　　• 利用其他支撑点：使用手臂、膝盖等部位进行支撑。例如，先将左手放在右肩上，形成一个三角形状，然后将拿手机的右手放在左手臂弯处。在拍摄时，通过身体带动手臂运动拍摄。

　　• 低姿态行走：弯腰或稍微屈膝行走，这有助于降低重心，使身体更加稳定。同时，将手臂自然下垂，手掌轻轻握住手机，避免用力过猛导致抖动。在行走过程中匀速小步移动，切忌忽快忽慢；若是横向移动，则使用交叉步匀速缓慢移动。

## 5.3.2　使用辅助工具

　　保持手机稳定拍摄的辅助工具主要有三脚架和手机支架、自拍杆及手机稳定器。

### 1．三脚架和手机支架

三脚架作为手机摄影摄像领域的得力助手，其核心功能在于稳固手机，确保拍出的画面既清晰又稳定。除了经典的可伸缩式支架，市场上还涌现出众多创新便携支架，如手机八爪鱼脚架，其独特之处在于小巧轻盈，便于随身携带。八爪鱼脚架的支架腿灵活多变，能够随意弯曲以适应各种拍摄环境，甚至可以缠绕在物体上实现创意拍摄，如图5-30所示。

### 2．自拍杆

自拍杆是手机自拍爱好者的必备工具。它结合了可伸缩拉杆与手机固定支架，部分款式还巧妙地将把手位置设计成可转换为三脚架的形式，一物多用，如图5-31所示。

自拍杆能让拍摄者轻松地将手机拉远，捕捉更多的画面内容，并且还能尝试低角度跟随拍摄、高角度俯瞰等独特的视角。自拍杆操作简便，通过把手上的按键或蓝牙遥控器即可控制拍摄，部分自拍杆还配备了单轴云台，能够有效减少视频抖动，提升拍摄质量。

### 3．手机稳定器

手机稳定器是手机拍摄的一种重要辅助工具，可以显著减少画面的晃动，如图5-32所示。手机稳定器能在拍摄者移动镜头时，如前后推移、上下升降乃至旋转环绕等复杂动作中，精准抵消手机自身的晃动，确保拍摄画面始终保持平稳、流畅。

图5-30　八爪鱼支架　　　　图5-31　自拍杆　　　　图5-32　手机稳定器

此外，手机稳定器还配备了专属App。通过蓝牙连接手机后，不仅可以实现遥控拍摄，还能解锁更多高级功能，如变焦拍摄、智能跟随、旋转模式及延时摄影等。让拍摄者的创意得到更充分的发挥，轻松创作出专业级的视频作品。

## 5.3.3　借力拍摄

借力拍摄是一种利用周围环境或物体以增强稳定性的拍摄技巧，这极大地提升了手机拍摄画面的平稳度。具体而言，就是在拍摄过程中巧妙地借助外部稳定的支撑点或载体，以达到画面平稳、流畅的效果。

### 1．静态借力

在拍摄时，拍摄者可以主动寻找并依靠如栏杆、墙壁、树木等固定不动的物体，将身体或至少手臂的一部分轻轻倚靠其上。这样的接触不仅分散了拍摄时因手持手机而产生的抖动，还能让拍摄者更加放松，进而提升拍摄的持久性和稳定性。

## 2.动态借力

当置身于移动的环境中，如骑着电动平衡车拍摄，或者乘坐汽车、缆车、飞机、地铁或火车时，这些交通工具本身提供的平稳运行特性成为天然的稳定器。利用它们作为移动平台，可以拍摄出既流畅又稳定的动态画面，为观众带来独特的视角体验。需要注意的是，在拍摄时需要根据交通工具的行驶速度调整拍摄参数，如快门速度，以避免画面模糊。

> **素养小课堂**
>
> 资源整合能力是个体在追求目标过程中不可或缺的一项关键素养，它要求个体具备敏锐的环境洞察力，能够准确识别并评估周围环境中各种资源的潜在价值，包括物质资源、信息资源、人力资源等。优秀的资源整合者不仅擅长收集和分析这些信息，更懂得如何将这些资源有效地整合起来，形成合力，以最优化的方式支持个人目标的实现。

# 课堂实训：使用手机拍摄短视频素材

## 1.实训背景

在短视频时代，手机凭借其便携性、易操作性、高品质的摄像头、经济实惠的价格以及社交媒体的融合等优势，成为越来越多人选择的拍摄工具。这些优势使得手机在短视频创作和分享方面发挥着越来越重要的作用。

尤其是随着手机技术的不断进步，手机摄像头的像素、传感器尺寸和镜头质量不断提升，使用手机也能够拍摄出高分辨率、高清晰度的视频。许多手机还配备了多种拍摄模式和特效，如夜景模式、人像模式、慢动作等，为创作者提供了更多的创作空间和可能性。

## 2.实训要求

根据自己的兴趣选择一个拍摄主题，设置手机拍摄参数拍摄短视频素材。

## 3.实训思路

（1）设置相机功能

设置1080P视频分辨率，60帧/秒视频帧率，并显示参考线。

（2）设置画面对焦和曝光

锁定画面曝光和对焦，并根据需要调整曝光补偿，然后在移动中拍摄短视频素材。

（3）设置专业拍摄参数

在"专业"模式下调整快门速度、光圈、感光度及色温参数，拍摄高质量的视频画面。使用自动对焦模式拍摄主体运动视频，使用手动对焦模式拍摄焦点转换的视频。

（4）切换拍摄模式

切换到"延时摄影"模式，拍摄一段日转夜的延时摄影视频。切换到"慢动作"模式，拍摄一段4倍慢动作的运动视频。

# 课后练习

1. 简述手机摄像头在功能上取得的创新。
2. 简述不同测光模式的特点。
3. 简述不同对焦模式的特点。
4. 在"大光圈"模式和"超级微距"模式下拍摄短视频素材。

第 **6** 章

# 使用Premiere剪辑短视频

## 学习目标

➤ 了解Premiere剪辑短视频的基本流程。
➤ 掌握粗剪与精剪视频剪辑的方法。
➤ 掌握设置画面色调和滤镜的方法。
➤ 掌握编辑音频与字幕的方法。
➤ 掌握制作片头与片尾的方法。

## 本章概述

　　Premiere是Adobe公司推出的一款功能强大的视频剪辑软件，被广泛应用于影视后期制作、广告创意、短视频制作等领域。它有丰富的剪辑工具，提供了视频特效和音频处理等功能，能够帮助创作者轻松地创作出具有专业水准的短视频作品。本章将介绍使用Premiere剪辑短视频的方法和技巧。

## 本章关键词

　　序列　修剪剪辑　目标轨道　剪辑速度　Lumetri颜色
基本图形　片头

# 6.1 认识Premiere

Premiere具有强大的剪辑功能、丰富的视觉效果以及出色的音频处理能力，使创作者能够轻松剪辑和处理视频素材，创作出既创意十足又极具专业水准的短视频作品。

## 6.1.1 认识Premiere Pro 2023操作界面

启动Premiere Pro 2023，进入"编辑"界面并切换到"效果"工作区，其界面主要分为标题栏、菜单栏、工作区布局栏、"效果控件"面板、"源"面板、"节目"面板、"工具"面板、"项目"面板、"时间轴"面板、"音频仪表"面板以及功能面板组等区域，如图6-1所示。

（1）标题栏

标题栏包括Premiere软件图标、版本信息、项目文件的保存路径，以及窗口控制按钮组。

（2）菜单栏

菜单栏包括"文件""编辑""剪辑""序列""标记""图形和标题""视图""窗口""帮助"等9个菜单命令。

图6-1 Premiere Pro 2023 "编辑"界面

（3）工作区布局栏

创作者可以在工作区布局栏切换"导入""编辑"或"导出"3个界面。当处于"编辑"界面时，可以单击"工作区"按钮选择或自定义符合自身需求的布局模式。

（4）"效果控件"面板

"效果控件"面板是素材的效果调整面板，"运动""不透明度"和"时间重映射"是素材的固有效果。

（5）"源"面板

双击素材或将素材拖至"源"面板，即可在"源"面板中查看素材的内容，还可以对素材进行标记、设置出入点、创建子剪辑等操作。

（6）"节目"面板

"节目"面板用于预览剪辑过程中的效果变化，也可以预览成片效果，该面板左上方会显示当前序列名称。

（7）"工具"面板

"工具"面板主要用于编辑时间线上的素材。在"工具"面板中单击需要的工具后，将鼠标指针移至"时间轴"面板中的轨道上，鼠标指针就会变成该工具的形状。

（8）"项目"面板

"项目"面板用于存放和管理导入的素材文件，素材类型可以是视频、音频、图片等。单击"项目"面板右下方的"新建项"按钮▉，在弹出的菜单中可以创建"序列""调整图层""颜色遮罩""黑场视频"等。

（9）"时间轴"面板

在视频剪辑的过程中，大部分工作都是在"时间轴"面板中完成的。剪辑轨道分为视频轨道和音频轨道，视频轨道的表示方式为V1、V2、V3等，音频轨道的表示方式为A1、A2、A3等。双击轨道头部还可以将轨道展开，以预览素材或进行效果调整。

（10）"音频仪表"面板

音频仪表是监视音频声量的工具，可用于查看音频是否爆音。

（11）功能面板组

在右侧的功能面板组中堆放了"效果""基本图形""基本声音""Lumetri颜色"等面板。

## 6.1.2　Premiere剪辑短视频的基本流程

使用Premiere剪辑短视频时，遵循一定的流程操作是提高效率的关键。剪辑短视频的基本流程主要包括整理素材、设计剪辑流程、视频粗剪、视频精剪、视频调色、编辑音频与字幕，以及最终的输出视频。

### 1. 整理素材

（1）收集素材：根据项目需求拍摄视频素材，或者通过素材网站、社交媒体、搜索引擎等途径收集视频素材。

（2）将素材分类：将素材按照类型（如视频、音频、图片）、场景或用途进行分类，并放入不同的文件夹中。这样做可以提高查找效率，使项目更加整洁。

（3）对素材命名：对素材文件进行命名，需要遵循一定的规范。如使用描述性名称，避免使用含糊不清的名称或重复命名，这有助于快速定位和识别素材。

### 2. 设计剪辑流程

（1）理解需求：在开始剪辑之前，需要明确创作视频的目的、受众以及所需的风格。

（2）制订计划：根据素材和需求制订一个初步的剪辑计划，包括视频的结构、节奏、转场方式等。

（3）设定时间线：在Premiere中新建项目并设置序列，为后续的剪辑工作做好准备。

### 3. 视频粗剪

（1）导入素材：将整理好的素材导入Premiere"项目"面板。

（2）初步拼接：依据脚本或分镜头，在时间线上对原始素材的有用部分进行拼接，形成初步的剪辑版本。

（3）筛选镜头：去除无用的废镜头，挑选出演员状态佳、表演出色的镜头，同时确保画面稳定、景别恰当的镜头作为主要素材。

### 4．视频精剪

（1）调整剪辑点：在粗剪的基础上进一步调整每个镜头的剪辑点，确保画面流畅、逻辑清晰。

（2）处理节奏：通过画面的衔接、音乐音效的设计、内容的逻辑，以及画面变速处理等方式，加强视频的节奏感。

（3）添加转场：为视频素材添加合适的转场效果，使不同镜头之间的过渡更加自然。

### 5．视频调色

（1）色彩校正：调整视频素材的亮度、对比度、饱和度等参数，使画面色彩更加自然、协调。

（2）风格化调色：根据视频的风格和氛围进行风格化调色，增强视觉效果。

### 6．编辑音频与字幕

（1）音频处理：对音频进行剪辑、降噪、混响等处理，确保音质清晰、音量适中。

（2）配乐与音效：为视频添加合适的背景音乐和音效，增强情感表达和氛围营造。

（3）添加字幕：根据需要为视频添加字幕，方便观众理解视频内容。

### 7．输出视频

（1）设置参数：在导出视频之前进行输出设置，设置导出范围，选择合适的输出格式、帧大小、帧率、码率等参数。

（2）导出视频：将视频导出为所需的格式和大小。

（3）备份与分享：导出视频后进行备份，以防止数据丢失，并分享到合适的平台或渠道。

## 6.2　粗剪视频剪辑

下面主要介绍Premiere视频剪辑中的基础操作，包括新建项目与导入素材，管理素材，创建序列，将素材添加到序列，修剪视频剪辑，复制、移动与替换剪辑等。创作者可以通过这些基础操作快速完成短视频的粗剪工作。

**操作视频**

### 6.2.1　新建项目与导入素材

启动Premiere 2023后，首先要新建项目或打开已有项目。在"主页"界面中单击"新建项目"按钮（见图6-2），或者在菜单栏中单击"文件"｜"新建"｜"项目"命令。

新建项目与
导入素材

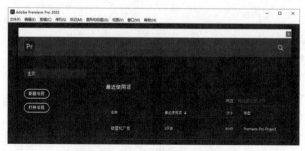

图6-2　单击"新建项目"按钮

　　进入"导入"界面，如图6-3所示。在"导入"界面上方输入项目名称，并选择项目的存放位置。在左侧栏导航到媒体文件的存放位置，媒体文件就会显示在"导入"界面中，可以对文件进行预览和筛选。选中要添加的素材，所选素材会汇集到界面下方的托盘中。用鼠标右键单击托盘中的素材文件，选择"清除"命令可以清除素材。在右侧栏进行导入设置，关闭"复制媒体""新建素材箱""创建新序列"等选项，单击"创建"按钮，即可创建Premiere项目。

图6-3　"导入"界面

　　创建项目后，在"项目"面板中可以看到添加的素材文件，如图6-4所示。在"项目"面板的空白位置双击或直接按【Ctrl+I】组合键，弹出"导入"对话框，选择素材所在位置"素材文件\第6章\剪辑"，选中要导入的素材，单击"打开"按钮，如图6-5所示，即可导入素材。若要导入素材文件夹，可以选中文件夹后单击"导入文件夹"按钮。

图6-4　"项目"面板

图6-5　"导入"对话框

　　在"项目"面板中，可以使用"列表视图""图标视图"和"自由变换视图"3种方式查看和对素材进行排序，拖动视图按钮旁的滑块可以调整图标和缩览图的大小。

　　● "列表视图" ：显示与每个资源相关的附加信息。

　　● "图标视图" ：在该视图下预览素材，将鼠标指针置于视频素材缩览图上并左右滑动，可以向前或向后播放视频，如图6-6所示。

　　● "自由变换视图" ：在该视图下可以按照自定义布局自由地排列剪辑，按住【Alt】键的同时滚动鼠标滚轮可以缩放剪辑，如图6-7所示。用鼠标右键单击空白位置可以设置对齐网格，或者另存为新布局。

图6-6　图标视图

图6-7　自由变换视图

## 6.2.2　管理素材

操作视频

管理素材

在"项目"面板中可以对素材进行复制、粘贴、删除、重命名等操作。选中素材后，按【Ctrl+C】组合键和【Ctrl+V】组合键可以复制和粘贴素材，按【Delete】键可以删除选中的素材，单击选中的素材名称可以重命名素材。若导入的素材有重复，可以在菜单栏中单击"编辑"｜"合并重复项"命令清除重复的素材。此外，还可以使用素材箱对素材进行分类管理，对素材进行粗剪或者创建子剪辑。

### 1．素材分类管理

为了方便管理素材，可以使用素材箱对素材进行分类整理。选中所有的视频素材，并将其拖至"新建素材箱"按钮■上，即可为所选素材创建一个新的素材箱，如图6-8所示，单击素材箱名称进行重命名。

双击素材箱，会在一个新的面板中打开它，如图6-9所示，它与"项目"面板具有相同的面板选项。按住【Ctrl】键的同时双击素材箱，可以在当前面板中打开素材箱，单击■按钮可以显示上一级（父）素材箱；按住【Alt】键的同时双击素材箱，可以在新的浮动面板中打开素材箱。

图6-8　创建素材箱

图6-9　打开素材箱

### 2．粗剪素材

粗剪素材即对视频素材中有用的部分进行标记，有以下两种方法。

● 方法一：在"源"面板中粗剪素材。在"项目"面板中双击"视频01"素材，即可在"源"面板中打开该素材，移动播放指示器并单击面板底部"标记入点"按钮■和"标记出点"按钮■，如图

6-10所示，为素材设置入点与出点，即可对素材进行粗剪，通过面板右下方的时间码可以查看素材持续时长。用鼠标右键单击画面，在弹出的快捷菜单中可以设置清除入点或出点。

● 方法二：在"项目"面板中粗剪素材。在"项目"面板中切换到"图标视图"，选中"视频02"素材，拖动滑块选择位置并按【I】键标记入点，按【O】键标记出点，如图6-11所示，即可对素材进行粗剪。

图6-10　在"源"面板中粗剪素材　　　　图6-11　在"项目"面板中粗剪素材

### 3. 制作子剪辑

如果一个视频素材中有多个需要使用的片段，可以为素材制作子剪辑，将其分为若干个片段，以在项目中更方便地使用。

在"源"面板中打开"视频16"素材，通过标记入点和标记出点选择子剪辑的范围，然后用鼠标右键单击视频画面，选择"制作子剪辑"命令。在弹出的"制作子剪辑"对话框中输入子剪辑名称"钓鱼"，如图6-12所示，单击"确定"按钮。

若选中"将修剪限制为子剪辑边界"复选框，则生成的子剪辑会删除多余的部分，无法查看入点与出点之外的部分。在"项目"面板中查看制作的子剪辑，如图6-13所示。

图6-12　"制作子剪辑"对话框　　　　图6-13　查看子剪辑

## 6.2.3　创建序列

序列相当于一个框架或容器，用于组织并呈现一系列视频剪辑，使它们能够连续、流畅地进行播放，形成一段完整的视频内容。创建序列的方法如下。

操作视频

创建序列

（1）在"项目"面板中单击"新建项"按钮，选择"序列"选项，弹出"新建序列"对话框，在"序列预设"选项卡中选择"Digital SLR"|"1080p"|"DSLR 1080p30"选项，如图6-14所示，在右侧可以看到序列预设的详细描述。

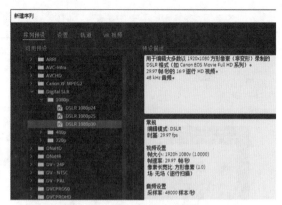

（2）如果所选预设不符合要求，可以选择"设置"选项卡，根据需要对序列参数进行修改。在"编辑模式"下拉列表框中选择"自定义"选项，在"时基"下拉列表框中选择"30.00帧/秒"选项，如图6-15所示。在对话框下方输入序列名称"公园Vlog"，然后单击"确定"按钮。

图6-14　选择序列预设

（3）此时即可创建新的序列，在"时间轴"面板中打开序列，如图6-16所示。

图6-15　自定义序列参数

图6-16　打开序列

💡 **小技巧**

若经常使用某个序列设置来创建新序列，可以在"时间轴"面板的序列名称右侧单击 ▤ 按钮，选择"从序列创建预设"命令，在弹出的"保存序列预设"对话框中输入名称或描述，然后单击"确定"按钮。此时，即可在"序列预设"选项卡下的"自定义"文件夹中看到保存的预设，待下次创建序列时只需选择该预设即可。

## 6.2.4　将素材添加到序列

操作视频
┌─────────┐
│ ▦ QR │
└─────────┘
将素材添加
到序列

一旦将素材添加到序列，即可在序列中形成该素材的剪辑。将素材添加到序列主要有以下两种方法。

### 1. 通过拖曳操作添加

通过拖曳操作在序列中添加素材是最常用的方法之一，具体操作方法如下。

（1）在"项目"面板中双击"视频01"视频素材，在"源"面板中标记入点和出点，拖动"仅拖动视频"按钮 ▤ 到序列的V1轨道上，如图6-17所示。

（2）在弹出的对话框中单击"保持现有设置"按钮，然后在序列中用鼠标右键单击"视频01"剪辑，在弹出的快捷菜单中选择"设为帧大小"命令，如图6-18所示，即可自动调整素材的缩放比例，使其适应序列大小。

图6-17　标记入点和出点

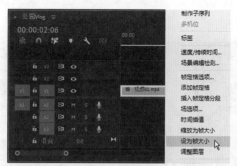

图6-18　选择"设为帧大小"命令

（3）采用同样的方法，继续在序列中添加其他视频剪辑。在"时间轴"面板头部双击V1轨道将其展开，可以看到各视频剪辑的缩览图，如图6-19所示。

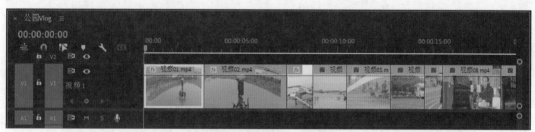

图6-19　添加其他视频剪辑

## 2. 通过单击按钮添加

通过在"源"面板中单击"插入"按钮或"覆盖"按钮，可以以三点编辑或四点编辑的方式将素材插入序列，具体操作方法如下。

（1）在序列中前两个视频剪辑之间标记入点和出点，并调整标记范围为1秒的时长，然后打开V2轨道的"对插入和覆盖进行源修补"功能设置分配源V1，如图6-20所示。

（2）在"源"面板中打开"视频21"素材，标记入点，然后单击"覆盖"按钮，如图6-21所示。

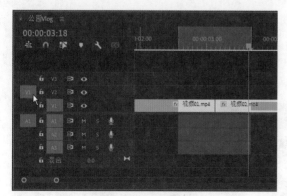

图6-20　标记范围

图6-21　单击"覆盖"按钮

（3）此时即可忽略素材的出点将其添加到V2轨道中，如图6-22所示。同样，若在"源"面板中只标记了出点，即可忽略入点。

（4）在"源"面板中标记素材的入点和出点，并调整标记范围为2秒，然后单击"覆盖"按钮，如图6-23所示。

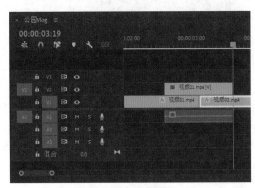

图6-22　添加素材

图6-23　标记入点和出点

（5）弹出"适合剪辑"对话框，如图6-24所示，选中"更改剪辑速度（适合填充）"单选按钮，然后单击"确定"按钮。

（6）此时即可将素材添加到V2轨道中，并将剪辑速度自动调整为200%，如图6-25所示。

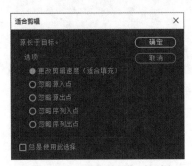

图6-24　"适合剪辑"对话框

图6-25　自动调整剪辑速度

## 6.2.5　修剪视频剪辑

现在介绍如何在序列中对视频剪辑进行修剪，常用的方法有以下3种。

### 1. 使用修剪工具

在序列中将播放指示器移至第3秒位置，如图6-26所示。使用选择工具拖动"视频01"剪辑的出点到播放指示器位置，如图6-27所示，此时在剪辑之间出现空隙。

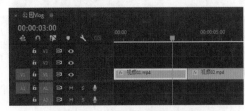

图6-26　移动播放指示器位置

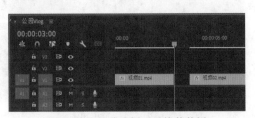

图6-27　使用选择工具修剪剪辑

还可以先将播放指示器移至第3秒位置，选中"视频01"剪辑，然后按【Ctrl+K】组合键分割剪辑。选中分割后右侧的剪辑，按【Delete】键将其删除，如图6-28所示。用鼠标右键单击出现的空隙，在弹出的快捷菜单中选择"波纹删除"命令（见图6-29），即可实现波纹修剪。此外，选中分割后的剪辑并按【Shift+Delete】组合键，也可以实现波纹修剪。

图6-28　分割剪辑

图6-29　选择"波纹删除"命令

按【B】键调用波纹编辑工具，或者在选择工具下按【Ctrl】键临时切换为波纹编辑工具。使用波纹编辑工具向左或向右拖动剪辑的端点，如图6-30所示，可以直接对剪辑进行波纹修剪而不会留下空隙。

按【N】键调用滚动编辑工具，或者在选择工具下按住【Ctrl】键并将鼠标指针置于相邻的两个剪辑之间的剪切点上，可以临时切换为滚动编辑工具。使用滚动编辑工具可以调整两个剪辑之间的剪切位置，如图6-31所示，而不会更改两个剪辑的组合持续时间。

图6-30　使用波纹编辑工具修剪剪辑

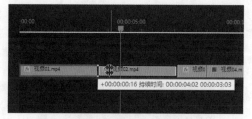
图6-31　使用滚动编辑工具调整剪切位置

## 2. 使用快捷命令

使用快捷命令可以帮助创作者高效地修剪剪辑，方法为：将播放指示器移至要修剪到的位置，然后使用修剪工具（如选择工具、波纹编辑工具、滚动编辑工具）来单击剪辑的编辑点将其选中，在菜单栏中单击"序列"|"将所选编辑点扩展到播放指示器"命令，或者直接按【E】键，即可修剪剪辑。

此外，选中剪辑的编辑点后，可以在按住【Ctrl】键的同时按【←】或【→】键进行逐帧修剪；若要一次修剪5帧，则可以同时按住【Shift】键。

## 3. 使用修剪编辑模式

双击剪辑的编辑点，或者直接按【Shift+T】组合键，此时"节目"面板将进入修剪编辑模式，如图6-32所示。选中要修剪的画面，单击下方的按钮可以一次向左或向右修剪1帧或5帧，在两个画面之间拖动即可使用滚动编辑工具调整两个剪辑之间剪切点的位置。

图6-32　修剪编辑模式

## 6.2.6 复制、移动与替换剪辑

现在如何在序列中复制、移动与替换剪辑，具体操作方法如下。

### 1. 复制剪辑

在序列中按住【Alt】键的同时拖动"视频02"剪辑到V2轨道中（见图6-33），松开鼠标即可将"视频02"剪辑复制到V2轨道，如图6-34所示。

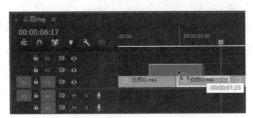

图6-33 按住【Alt】键的同时拖动剪辑

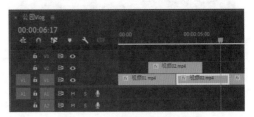

图6-34 复制剪辑到V2轨道

此外，还可以使用"快捷键"命令来复制剪辑，在操作前需要对快捷键进行设置。在菜单栏中单击"编辑"|"快捷键"命令，弹出"键盘快捷键"搜索框，搜索"粘贴"，然后选择"粘贴到目标轨道"命令，在该命令的快捷键列中按【Ctrl+V】组合键定义快捷键（见图6-35），然后单击"确定"按钮。

在序列中选中"视频02"剪辑并按【Ctrl+C】组合键进行复制操作，在"时间轴"面板头部设置V3轨道为目标切换轨道并取消V1目标轨道，将播放指示器移至要复制到的位置，按【Ctrl+V】组合键即可粘贴"视频02"剪辑，如图6-36所示。

图6-35 定义快捷键

图6-36 使用快捷复制剪辑

### 2. 移动剪辑

在序列中选中"视频01"剪辑，然后在按住【Ctrl】键的同时将其拖至"视频02"剪辑的右侧，此时目标位置的时间指针上出现锯齿，如图6-37所示。松开鼠标，即可调整"视频01"剪辑的排列顺序，可以看到V2轨道中的"视频02"剪辑位置跟随V1轨道中的"视频02"剪辑同步调整，如图6-38所示。

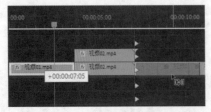

图6-37 按住【Ctrl】键移动剪辑

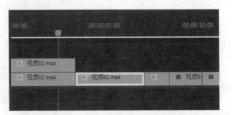

图6-38 同步移动剪辑位置

如果只是在V1单个轨道中调整剪辑的位置，可以按住【Ctrl+Alt】组合键的同时移动剪辑，此时鼠标指针变为 样式，如图6-39所示。松开鼠标后，可以看到V1轨道中剪辑的排列顺序已改变，而V2轨道中的"视频2"剪辑位置没有被同步调整，如图6-40所示。

图6-39　按住【Ctrl+Alt】组合键移动剪辑

图6-40　调整单个轨道上的剪辑顺序

此外，若要微移剪辑的位置，可以按住【Alt】键或【Alt+Shift】组合键的同时按左右方向键；按住【Alt】键的同时按上下方向键，可以将剪辑移至不同的轨道中。

## 3. 替换剪辑

在视频剪辑过程中，有时需要把序列中的一个剪辑替换为另一个剪辑，以制作不同版本的短视频。此时可以使用替换功能来替换剪辑，具体操作方法如下。

（1）在序列中选中要替换的"视频01"剪辑，如图6-41所示。

（2）在"源"面板中打开"视频001"素材，并标记入点，如图6-42所示。

图6-41　选中剪辑

图6-42　标记入点

（3）拖动视频画面到"节目"面板中，此时"节目"面板中出现几个操作区域，选择"替换"选项，如图6-43所示，即可替换剪辑。此外，还可以按住【Alt】键的同时将素材拖至序列中的剪辑图标上进行替换。还可以在序列中用鼠标右键单击剪辑，选择"使用剪辑替换"|"从源监视器"命令，如图6-44所示，即可替换剪辑。

图6-43　选择"替换"选项

图6-44　选择"从源监视器"命令

剪辑师在粗剪时着力于构建故事框架，确定视频节奏，这体现了剪辑师对整体结构的把握能力。我们在工作和生活中都要培养自己的整体结构把握能力，这涉及全局意识和大局观的培养。我们要在行动前充分考量个体对整体的影响，站在更高层次、更宽视野上审视问题，追求局部与整体的和谐统一。

# 6.3 精剪视频剪辑

下面对序列中的视频剪辑进行精剪，包括调整视频播放速度、添加视频效果、添加动画效果、添加转场效果、设置时间重映射等。

操作视频

调整视频播放速度

## 6.3.1 调整视频播放速度

为短视频添加"音频"和"旁白"音频素材，并根据音频对视频剪辑进行修剪和调整速度，具体操作方法如下。

（1）在"源"面板中打开"音乐"素材，在第40秒位置标记出点，如图6-45所示，然后拖动"仅拖动音频"图标到序列的A1轨道中。

（2）在序列中展开A1轨道，向下拖动音量控制柄降低音量，如图6-46所示。

图6-45 标记出点

图6-46 调整音量

（3）将"旁白"音频素材添加到A2轨道中，单击A2轨道头部的"独奏"按钮，如图6-47所示，设置A2轨道为独奏轨道，然后播放音频，并在音频仪表中查看音量大小。

（4）用鼠标右键单击旁白音频素材，选择"音频增益"命令，在弹出的"音频增益"对话框中选中"调整增益值"单选按钮，设置增益值为-3dB，如图6-48所示，然后单击"确定"按钮。再次单击"独奏"按钮取消独奏轨道。

图6-47 添加旁白音频并设置独奏

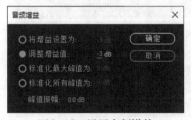

图6-48 设置音频增益

（5）选中"视频07"剪辑，按【Ctrl+R】组合键打开"剪辑速度/持续时间"对话框，设置"速度"为75%，如图6-49所示，然后单击"确定"按钮。

（6）预览速度调整效果，此时可以看到剪辑图标上显示75%的速度值，如图6-50所示。

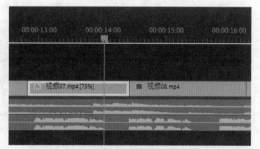

图6-49　设置剪辑速度　　　　　　　　　图6-50　显示速度值

（7）若不清楚要将剪辑速度调至多少合适，可以使用比率拉伸工具来调整剪辑的持续时间。在序列中将"视频17"剪辑移至V2轨道中，然后按【R】键调用"比率拉伸工具"，如图6-51所示。使用该工具调整剪辑的长度，拉长可以降低剪辑速度，缩短可以加快剪辑速度。

（8）调整至合适的速度后播放剪辑，在"节目"面板中预览速度调整效果，如图6-52所示。

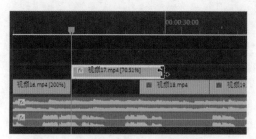

图6-51　使用比率拉伸工具调整剪辑长度　　　　　图6-52　预览速度调整效果

（9）根据需要调整其他视频剪辑的速度，根据音乐和旁白精确修剪视频剪辑编辑点的位置，可以将剪辑点修剪到动作刚开始或刚结束的位置。例如，"视频10"剪辑以小男孩入镜前作为入点，"视频11"剪辑以小女孩开始挖沙子的动作作为入点，"视频16"剪辑以人物坐到凳子上作为出点，效果如图6-53所示。

图6-53　精确修剪剪辑的编辑点的效果

## 6.3.2　添加视频效果

操作视频

添加视频
效果

视频效果位于"效果"面板中，可以为剪辑添加任意数量或组合的视频效果，并在"效果控件"面板中调整效果参数。下面为画面抖动的视频剪辑添加"变形稳定器"效果，使画面变得平稳，具体操作方法如下。

（1）在序列中选中"视频05"剪辑，如图6-54所示。需要注意的是，使用"变形稳定器"效果的视频剪辑不能调整速度，否则需要先为其创建嵌套序列，再添加"变形稳定器"效果。

（2）打开"效果"面板，在搜索框中搜索"稳定"，然后双击"变形稳定器"效果，如图6-55所示，即可添加该效果。此时，在视频画面上会显示"在后台分析"字样，等待程序分析完成。

图6-54　选中视频剪辑　　　　　　图6-55　添加"变形稳定器"效果

📑 **知识提示**

序列嵌套是指将序列中的一个或者多个素材或序列组合到一起，变成一个新的序列。在编辑视频时，可以将嵌套序列当作一个剪辑。此外，在主序列中若要对其中的一部分剪辑进行独立的编辑和管理，可以选中剪辑后按【Shift+U】组合键制作子序列。

（3）在"变形稳定器"效果中调整"平滑度"参数，如图6-56所示。

（4）在"节目"面板中预览视频效果，如图6-57所示，即可看到画面运动变得平稳。

图6-56　调整"平滑度"参数　　　　图6-57　预览视频效果

（5）采用同样的方法，为"视频15"剪辑添加"变形稳定器"效果，在该效果中设置"结果"参数为"不运动"，如图6-58所示。

（6）在"效果控件"面板中调整"视频15"剪辑的构图参数，在此设置"缩放"参数为105.0、"旋转"参数为-1.5°，如图6-59所示。

图6-58　设置"结果"参数　　　图6-59　设置"缩放"和"旋转"参数

（7）在"节目"面板中预览"视频15"剪辑调整前后的对比效果，如图6-60所示，可以看到画面变得平稳，且画面构图得到调整。

**图6-60　预览视频效果**

## 6.3.3　添加动画效果

操作视频

添加动画
效果

关键帧是制作动画效果的关键，可用于设置运动、效果、蒙版、速度、音频等多种属性，随时间更改属性值即可自动生成动画。下面制作一个简单的缩放动画，具体操作方法如下。

（1）在序列中选中"视频05"剪辑，在"效果控件"面板中选中"运动"效果，如图6-61所示。

（2）在"节目"面板中会显示"运动"效果中的各调整控件，在此将锚点位置移至画面顶部，如图6-62所示。

**图6-61　选中"运动"效果**　　　　　　**图6-62　移动锚点位置**

（3）在"效果控件"面板中将播放指示器移至最左侧，单击"缩放"属性左侧的"切换动画"按钮，启用"缩放"动画，如图6-63所示，即可在播放指示器位置自动添加一个关键帧。

（4）将播放指示器向右移动一定的距离，然后设置"缩放"参数为106.0，如图6-64所示，将自动添加第2个关键帧，两个关键帧之间就会形成放大动画。

**图6-63　启用"缩放"动画**　　　　　　**图6-64　设置"缩放"参数**

（5）选中两个"缩放"关键帧，然后用鼠标右键单击关键帧，在弹出的快捷菜单中选择"缓入"命令，如图6-65所示；再次用鼠标右键单击选中的关键帧，在弹出的快捷菜单中选择"缓出"命令。

（6）展开"缩放"属性，调整关键帧贝塞尔曲线，如图6-66所示，使动画先快后慢。

图6-65　选择"缓入"命令

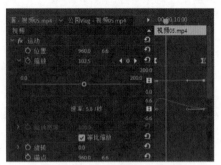

图6-66　调整关键帧贝塞尔曲线

## 6.3.4　添加转场效果

操作视频

添加转场
效果

视频转场也称视频过渡，是一个镜头或场景过渡到另一个镜头或场景的技术手段，目的是使视频内容更加流畅、连贯。Premiere中内置了多种转场效果，为短视频添加转场效果的具体操作方法如下。

（1）打开"效果"面板，展开"视频过渡"|"溶解"效果组，用鼠标右键单击"交叉溶解"效果，在弹出的快捷菜单中选择"将所选过渡设置为默认过渡"命令，如图6-67所示。

（2）在序列中选中前两个视频剪辑之间的编辑点，然后在菜单栏中单击"序列"|"应用默认过渡到选择项"命令，或者直接按【Shift+D】组合键，如图6-68所示，即可添加默认转场效果。

图6-67　设置默认转场效果

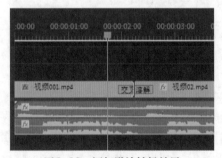

图6-68　添加默认转场效果

（3）在序列中拖动"交叉溶解"转场效果的边缘调整其持续时间，拖动"交叉溶解"转场效果调整其切入位置，如图6-69所示。

（4）在"节目"面板中预览交叉溶解转场效果，如图6-70所示。

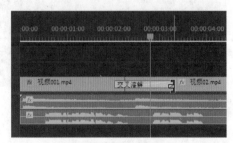

图6-69　设置过渡效果

图6-70　预览交叉溶解转场效果

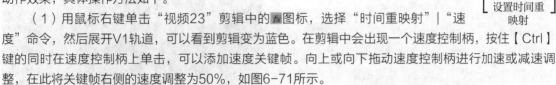

操作视频

设置时间重映射

## 6.3.5　设置时间重映射

使用时间重映射可以更改剪辑中视频部分的速度，在单个剪辑中营造慢动作和快动作效果，具体操作方法如下。

（1）用鼠标右键单击"视频23"剪辑中的▓图标，选择"时间重映射"|"速度"命令，然后展开V1轨道，可以看到剪辑变为蓝色。在剪辑中会出现一个速度控制柄，按住【Ctrl】键的同时在速度控制柄上单击，可以添加速度关键帧。向上或向下拖动速度控制柄进行加速或减速调整，在此将关键帧右侧的速度调整为50%，如图6-71所示。

（2）按住【Alt】键的同时拖动速度关键帧，调整其位置。拖动速度关键帧，将其拆分为左、右两部分，拖动两个标记之间的速度控制柄调整斜坡曲率，如图6-72所示，使速度变化平滑过渡。

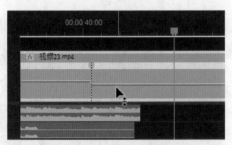

图6-71　调整速度控制柄

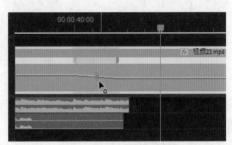

图6-72　拆分速度关键帧

### 素养小课堂

精剪要求剪辑师具备专业精神和规范意识。专业精神和规范意识是塑造个体职业形象、提升职业道德水平、确保行为符合社会规范的重要基石。专业精神包括敬业精神、创新精神和学习精神，而规范意识要求人们要自觉遵守社会规范、行业准则和法律法规。专业精神和规范意识的提升可以帮助我们成为具有高尚职业道德、精湛专业技能和强烈社会责任感的新时代人才。

## 6.4　设置画面色调与滤镜

下面将介绍如何在Premiere中对短视频进行调色，以增强短视频画面的表现力和感染力。

### 6.4.1　认识调色示波器

"Lumetri范围"面板是用于颜色分析和参考的重要工具，可以帮助创作者观察画面颜色信息的分布，从而找出画面存在的问题，如过曝、过暗、色偏等。"Lumetri范围"面板提供了一系列颜色示波器工具，最常用的有RGB分量示波器和矢量示波器YUV。

### 1. RGB 分量示波器

在PremierePro 2023中切换到"颜色"工作区，在序列中将播放指示器移至第1个视频剪辑中。在"Lumetri范围"面板中用鼠标右键单击波形图，在弹出的快捷菜单中选择"分量类型"|"RGB"命令，然后再次用鼠标右键单击波形图，在弹出的快捷菜单中选择"分量（RGB）"命令，显示RGB

分量示波器，如图6-73所示。

在"分量（RGB）"波形图中，左侧纵坐标为0到100之间的亮度值，从上到下大致分为亮部、中间调和暗部。在RGB分量图右侧为R、G、B各通道所对应的色阶值。在RGB分量波形图中可以直观地查看画面的亮部、暗部及中间调情况，还可以了解画面的对比度，长的波形表示对比度较大，短的波形表示对比度较小。由于RGB色彩为加色模式，通过亮部区域的波形可以快速分析画面的偏色情况。

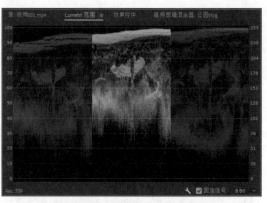

图6-73　显示RGB分量示波器

## 2. 矢量示波器 YUV

在"Lumetri范围"面板中单击鼠标右键，在弹出的快捷菜单中选择"矢量示波器YUV"命令，显示矢量示波器YUV，如图6-74所示。使用矢量示波器可以查看视频中的色相、饱和度和亮度信息，帮助创作者识别并纠正色偏问题，确保视频色彩自然、准确。

矢量示波器为一个圆形，中心点表示无色，从中心点向外，表示饱和度从0%开始逐渐增加，而圆周代表的是0～360°色相环。矢量示波器YUV中有6个分别代表不同颜色的标识，即R（Red，红色）、Yl（Yellow，黄色）、G（Green，绿色）、Cy（Cyan，青色）、B（Blue，蓝色）和Mg（Magenta，品红）。矢量示波器YUV中每种颜色有两个方框，较小的方框表示75%的饱和度，较大的方框表示100%的饱和度。

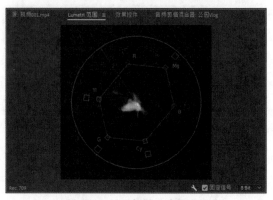

图6-74　显示矢量示波器YUV

## 6.4.2　视频颜色校正

操作视频

视频颜色
校正

"Lumetri颜色"是Premiere中的调色工具，它提供了基本校正、创意、曲线、色轮和匹配、HSL辅助等多种调色工具。使用"Lumetri颜色"工具对视频颜色进行校正，具体操作方法如下。

（1）在序列中选中第1个视频剪辑，在"Lumetri颜色"面板中展开"基本校正"选项，单击"白平衡"选项右侧"吸管"按钮，如图6-75所示。

（2）在"节目"面板中单击画面中的白色物体，并在此画面中的白色车上单击即可自动校正白平衡，在"灯光"组中根据需要调整各控件的参数，如图6-76所示。

（3）在"Lumetri颜色"面板中展开"曲线"选项，分别在"RGB曲线"面板中的高光区和阴影区添加控制点并调整曲线，如图6-77所示，增加画面的对比度。

（4）在"节目"面板中预览第1个视频剪辑的调色效果，同时观察RGB分量示波器和矢量示波器YUV中的颜色分布效果，如图6-78所示。

（5）在"效果控件"面板中选中"Lumetri颜色"效果并单击鼠标右键，在弹出的快捷菜单中选择"复制"命令，如图6-79所示，复制该效果。

（6）在序列中选中第2个视频剪辑，按【Ctrl+V】组合键，如图6-80所示，粘贴"Lumetri颜色"效果。

图6-75 单击"吸管"按钮

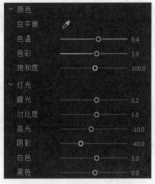

图6-76 调整调色参数

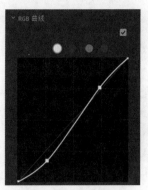

图6-77 调整曲线

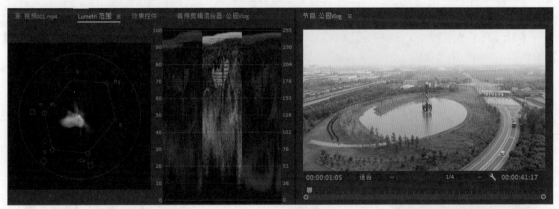

图6-78 预览调色效果

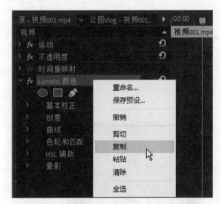

图6-79 复制"Lumetri颜色"效果

图6-80 粘贴"Lumetri颜色"效果

（7）在"Lumetri颜色"面板中根据需要对调色效果进行微调，然后在面板上方单击"Lumetri颜色"下拉按钮，选择"添加Lumetri颜色效果"选项，如图6-81所示，添加一个新的"Lumetri颜色"效果。

（8）展开"曲线"选项，然后展开"色相和饱和度曲线"选项，在"色相与亮度"曲线中单击"吸管"按钮，如图6-82所示。

（9）在画面主体中的文字上单击，如图6-83所示，吸取文字颜色。

图6-81　添加"Lumetri颜色"效果　　　　图6-82　单击"吸管"按钮　　　　图6-83　吸取文字颜色

（10）取色完成后会出现3个控制点，中间的控制点为吸取的颜色，向左或向右拖动两侧的控制点可以调整色彩范围，向上拖动中间的控制点增加亮度，如图6-84所示。

（11）在"节目"面板中预览调色效果，如图6-85所示。

（12）在"效果控件"面板的第2个"Lumetri颜色"效果中单击"自由绘制贝塞尔曲线"按钮 ✎ 创建蒙版，然后选中"蒙版（1）"，如图6-86所示。

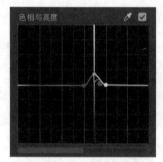

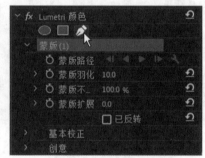

图6-84　增加亮度　　　　图6-85　预览调色效果　　　　图6-86　创建并选中蒙版

（13）在"节目"面板中使用钢笔工具绘制蒙版路径，并调整蒙版羽化，如图6-87所示，使该调色效果只作用于蒙版区域。

（14）根据需要对序列中的其他视频剪辑进行调色，为第2个视频剪辑再添加一个"Lumetri颜色"效果，在"Lumetri颜色"面板中展开"色轮和匹配"选项，如图6-88所示，单击"比较视图"按钮。

图6-87　绘制并调整蒙版　　　　图6-88　展开"色轮和匹配"选项

（15）进入比较视图，左侧为参考画面，右侧为当前画面。在参考画面下方拖动播放滑块，如图6-89所示，将画面定位到要参考的位置。

（16）在"色轮和匹配"选项中单击"应用匹配"按钮，如图6-90所示，即可匹配参考画面的颜色，在色轮和滑块中可以看到调整结果。

图6-89 选择参考位置

（17）采用同样的方法，使用"色轮和匹配"选项对第1个视频剪辑进行调色，预览调色效果，如图6-91所示。

图6-90 单击"应用匹配"按钮

图6-91 预览调色效果

## 6.4.3 使用滤镜调色

操作视频

使用滤镜
调色

"Lumetri颜色"面板的"创意"选项中提供了各种颜色滤镜，创作者可以使用Premiere内置的LUT或第三方颜色LUT快速改变画面的颜色。

（1）在"项目"面板中新建调整图层，然后将调整图层添加到V2轨道中，如图6-92所示。

（2）在"Lumetri颜色"面板中展开"创意"选项，在"Look"下拉列表框中选择"浏览"选项，在弹出的对话框中选择本地的"户外"调色预设，单击"打开"按钮，如图6-93所示，然后根据需要调整"强度"参数。

图6-92 添加调整图层

图6-93 选择调色预设

（3）在"调整"组中根据需要调整"锐化""自然饱和度""饱和度""阴影色彩""高光色彩"等参数，如图6-94所示。

（4）在序列中延长调整图层的长度，使其覆盖整个短视频，然后在"节目"面板中预览调色效果，如图6-95所示。

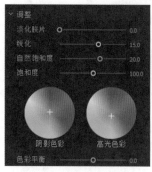

图6-94　调整调整参数

图6-95　预览调色效果

# 6.5　编辑音频与字幕

在短视频制作中，音频与字幕的编辑是不可或缺的环节。通过调整配乐、音效及配音，能够为视频增添情感色彩与氛围；字幕则能精准地传达对话、解说及关键信息，确保视频内容无障碍传播。两者协同作用，共同提升视频的观赏体验。

操作视频

添加与编辑
音频

## 6.5.1　添加与编辑音频

在短视频中添加所需的同期声音频和音效，在结尾制作结束音频，让音乐结束得更加自然，具体操作方法如下。

（1）在序列中选中"视频08"剪辑，在菜单栏中单击"序列"|"匹配帧"命令，即可在"源"面板中匹配相应的剪辑，如图6-96所示，拖动"仅拖动音频"按钮 ▶▶ 到"视频08"剪辑下方的音频轨道中。

（2）此时即可为"视频08"剪辑添加相应的音频，调整音频剪辑的长度，如图6-97所示，使其延伸到前一个和后一个视频剪辑中。

图6-96　匹配剪辑

图6-97　修剪音频剪辑

（3）展开音频轨道，在音量控制柄上按住【Ctrl】键并单击添加音量关键帧，并调整各关键帧的音量，如图6-98所示，使音频淡入淡出。

（4）在"视频18"和"视频19"剪辑下方添加"鸟叫声"和"微风吹过树叶"音效素材，如图6-99所示，并调整音量。

| 图6-98 调整音量 | 图6-99 添加音效素材 |

（5）在"源"面板中打开"音乐"素材，在音乐波形中找到所需的音乐结束部分，在00:01:54:12标记入点，在00:01:56:10标记出点，如图6-100所示。

（6）将音乐结束部分添加到A1轨道并与上一段音乐组接，调整音乐音量使其与前一段音乐的音量相同。在"效果"面板的"音频过渡"效果中选择"恒定功率"效果，并将其拖至两个音频剪辑之间，如图6-101所示，使音频过渡更流畅。

| 图6-100 标记音频入点和出点 | 图6-101 添加"恒定功率"效果 |

## 6.5.2 添加与编辑旁白字幕

操作视频

添加与编辑
旁白字幕

为短视频添加旁白字幕，并创建字幕样式，具体操作方法如下。

（1）使用文字工具在第1个视频剪辑中输入旁白文字，在序列中对文本剪辑进行修剪，如图6-102所示。

（2）打开"基本图形"面板，选择"编辑"选项卡，选中文本图层，如图6-103所示，在"对齐并变换"组中可以设置文字的对齐方式、位置、旋转、不透明度等。

| 图6-102 修剪文本剪辑 | 图6-103 选中文本图层 |

（3）在"文本"组中设置文本的字体、大小、对齐方式、字距、外观等格式，如图6-104所示。

（4）在"样式"组中单击下拉按钮，选择"创建样式"选项，弹出"新建文本样式"对话框，输入名称，然后单击"确定"按钮，如图6-105所示。创建的文本样式保存在"项目"面板，要为其他文本剪辑应用该样式，只需将文本样式拖至文本剪辑上。

图6-104　设置文本格式

图6-105　创建文本样式

（5）在"节目"面板中预览旁白文字效果，如图6-106所示。

（6）在序列中复制文本剪辑，并根据旁白音频修改文字。若在"基本图形"面板的"文本"组中对文字样式进行了更改，可以单击"样式"右侧的"推送为主样式"按钮⬆，如图6-107所示，一键更新所有旁白字幕的样式。

图6-106　预览旁白文字效果

图6-107　单击"推送为主样式"按钮

# 6.6　制作片头与片尾

短视频的片头通常是简要介绍视频的主题或亮点，激发观众的好奇心，促使他们继续观看。而短视频的片尾往往是总结核心信息，引导观众点赞、分享或关注，促进视频内容的二次传播与粉丝积累。下面将分别介绍片头与片尾的制作方法。

操作视频

制作片头

## 6.6.1　制作片头

在短视频的片头添加标题文本，并制作文本消散动画，具体操作方法如下。

（1）为第一个视频剪辑添加"高斯模糊"效果，启用"模糊度"动画，添加两个关键帧，设置"模糊度"参数分别为60.0、0.0，然后调整动画贝塞尔曲线，如图6-108所示。

（2）展开V1轨道，按住【Ctrl】键的同时在第一个视频剪辑的不透明度控制柄上单击，以添加关键帧，然后降低第1个关键帧的不透明度，如图6-109所示。

图6-108 编辑"模糊度"动画

图6-109 编辑"不透明度"关键帧

（3）使用文字工具输入标题文本，在"基本图形"面板中创建5个文本图层。选中"西"图层，如图6-110所示。

（4）在"文本"组中根据需要设置标题文本格式，在设置填充颜色时打开"拾色器"对话框。在对话框上方的下拉列表框中选择"线性渐变"选项，根据需要调整渐变控件中的色标、不透明度色标、色标中点、不透明度中点角度等参数，然后单击"确定"按钮，如图6-111所示。

图6-110 选中文本图层

图6-111 设置线性渐变

（5）为标题文字创建"标题字幕"文本样式，如图6-112所示。

（6）为"洞""庭""湖"3个字应用"标题字幕"文本样式，为"常德"文本单独设置格式，在"节目"面板中预览标题文本效果，如图6-113所示。

图6-112 创建文本样式

图6-113 预览标题文本效果

（7）在"源"面板中打开"溶解"视频素材，标记入点和出点，如图6-114所示。

（8）在标题文本剪辑的上方添加"溶解"视频剪辑，设置剪辑速度为500%，在"溶解"视频剪辑的左端位置分割标题文本剪辑，如图6-115所示。在"效果控件"面板中调整溶解素材的大小和位置，使其刚好遮盖住标题文本。

图6-114　标记入点和出点

图6-115　分割标题文本剪辑

（9）为分割的标题文本剪辑添加"轨道遮罩键"效果，设置"遮罩"为"视频5"（即"溶解"素材所在轨道）、"合成方式"为"亮度遮罩"，如图6-116所示。

（10）将"粒子消散"剪辑添加到"溶解"剪辑的上方，使标题文本在溶解的同时带有粒子消散效果，在"节目"面板中预览文本动画效果，如图6-117所示。

图6-116　设置"轨道遮罩键"效果

图6-117　预览文本动画效果

## 6.6.2　制作片尾

为短视频制作淡出和电影遮幅效果并编辑片尾文字，具体操作方法如下。

（1）在"项目"面板中创建"颜色遮罩"剪辑并设置颜色为黑色，将"颜色遮罩"剪辑添加到最后一个视频剪辑的上方。展开轨道，编辑不透明度动画，如图6-118所示，使画面逐渐变暗。

（2）在"颜色遮罩"剪辑上方添加调整图层，如图6-119所示。

操作视频

制作片尾

图6-118　编辑不透明度动画

图6-119　添加调整图层

（3）为调整图层添加"裁剪"效果，启用"顶部"动画，添加两个关键帧，设置"顶部"参数分别为0.0%、12.5%，然后采用同样的方法编辑"底部"动画，如图6-120所示。

（4）在"节目"面板中预览画面动画效果，如图6-121所示，可以看到画面上下出现黑边，同时画面变暗。

图6-120 设置"裁剪"效果

图6-121 预览画面动画效果

（5）在调整图层上方添加片尾文本剪辑，如图6-122所示，根据需要调整剪辑的长度和位置。

（6）在"效果控件"面板中为文本编辑"不透明度"和"缩放"动画，使文本淡出并逐渐放大，预览文本动画效果，如图6-123所示。

图6-122 添加片尾文本剪辑

图6-123 预览文本动画效果

效果视频

整体效果展示

操作视频

导出短视频

## 6.7 导出短视频

短视频剪辑完成后，在"节目"面板中预览播放效果，确认不再修改后即可导出短视频。单击工作区布局栏中的"导出"按钮，进入"导出"界面，设置文件名和导出位置，在"格式"下拉列表框中选择"H.264"选项。在"视频"选项组中调整"目标比特率"参数，以压缩文件大小。在右侧选择或设置导出范围，然后单击"导出"按钮，如图6-124所示，即可导出短视频。

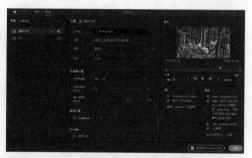

图6-124 设置"导出"参数

## 课堂实训：使用Premiere剪辑景区旅游推广短视频

### 1. 实训背景

常德西湖区，通常指的是常德市西湖管理区，它位于湖南省北部，因地处洞庭湖之西而得名。西湖管理区拥有独特的梅山文化、湖区农耕文化、渔乡文化等，凭借多元文化交融的特色，吸引了众多游客前来观光旅游。

操作视频

使用Premiere剪辑景区旅游推广短视频（1）

操作视频

使用Premiere剪辑景区旅游推广短视频（2）

效果视频

使用Premiere剪辑景区旅游推广短视频

2024年3月，常德市西湖管理区举办了首届"乡村文化旅游节"和"西湖人游西湖"活动，西湖牧业景区、金色桃海、楚峰梨园在这场为期十天的赏花游园活动中联袂展示春天的魅力。

这次活动将文化、旅游、商业、演艺等多元素融合，致力打造全方位的春日旅游新体验，进一步挖掘和推广西湖精品旅游路线。

### 2. 实训要求

打开"素材文件\第6章\课堂实训"文件夹，使用Premiere Pro 2023剪辑一条景区旅游推广短视频，效果如图6-125所示。

图6-125　景区旅游推广短视频

### 3. 实训思路

（1）创建序列

新建剪辑项目，导入视频素材和音频素材，然后创建帧大小为1920像素×1080像素、帧率为30帧/秒的序列。

（2）粗剪视频

将视频素材和音频素材添加到序列，根据旁白音频对视频素材进行修剪，并根据需要调整视频剪辑的速度。

（3）精剪视频剪辑

为视频剪辑制作运动动画效果，使用时间重映射制作视频变速效果，添加合适的转场效果。

（4）视频调色

为视频剪辑进行颜色校正，并根据需要进行风格化调色。

（5）添加与编辑字幕

添加旁白字幕并创建字幕样式，添加标题字幕并制作字幕动画。

## 课后练习

1. 简述剪辑短视频的基本流程。
2. 简述修剪视频剪辑的方法。
3. 打开"素材文件\第6章\课后练习"文件夹，使用Premiere Pro 2023剪辑一条农垦博物馆宣传短视频，如图6-126所示。

图6-126　农垦博物馆宣传短视频

# 第 7 章

# 使用剪映剪辑短视频

## 学习目标

➤ 了解使用剪映剪辑短视频的基本流程。
➤ 掌握使用剪映剪辑短视频的方法与技巧。
➤ 掌握使用剪映导出并发布视频的方法。

## 本章概述

剪映作为一款集视频剪辑、智能剪辑、素材库扩展等功能于一体的视频剪辑工具，凭借其全面的功能和便捷的操作方式赢得了广大创作者的喜爱。通过本章的学习，读者将了解并掌握剪映的操作界面和剪辑短视频的基本操作，打好短视频剪辑的基础，使后面的学习事半功倍。

## 本章关键词

分割素材　提取音乐　设置滤镜　识别字幕　文字模板

# 7.1 认识剪映

在学习使用剪映剪辑短视频之前，首先要对其有一个初步的了解。下面主要介绍剪映App（后简称剪映，本书中的剪映皆指剪映App）的操作界面，以及使用剪映剪辑短视频的基本流程。

## 7.1.1 认识剪映操作界面

剪映是抖音官方推出的一款移动端视频剪辑工具，它具有非常强大的视频剪辑功能，支持视频变速与倒放。创作者使用它可以分割视频素材，在短视频中添加音频、识别字幕、添加特效、应用滤镜、色度抠图、制作关键帧动画等。剪映的操作界面简洁明了，各工具按钮下方附有相关文字，创作者可以对照文字轻松地管理和剪辑视频。

### 1．剪映的功能模块

打开剪映，进入其操作界面，点击底部的"剪辑"🔏和"剪同款"🎬，即可切换到相应的功能模块。

（1）"剪辑"功能模块

"剪辑"功能模块主要有4个部分，分别为创作辅助功能区、创作区、亮点功能区和草稿区，如图7-1所示。其中，创作辅助功能区包括"一键成片""图文成片""图片编辑""AI作图""AI商品图""拍摄""创作脚本""录屏""提词器""营销成片"等，如图7-2所示。

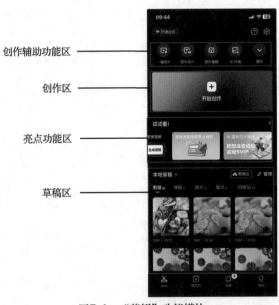

图7-1　"剪辑"功能模块

图7-2　创作辅助功能区

（2）"剪同款"功能模块

"剪同款"功能模块功能强大且实用，涵盖了各种风格和主题，如热门、旅行、美食、跨境电商、服装配饰、新媒体等，如图7-3所示。它为创作者提供了丰富的剪辑模板。创作者可以根据自己的喜好或创作需求选择合适的模板，并导入图片或视频，即可快速生成风格化的短视频。

图7-3 "剪同款"功能模块

## 2. 剪映的视频剪辑界面

在创作区中点击"开始创作"按钮⊡，导入视频素材后，即可进入视频剪辑界面。该界面主要由3个部分组成，分别是预览区、时间轴区域和工具栏，如图7-4所示。

预览区

时间轴区域

工具栏

图7-4 视频剪辑界面

（1）预览区

预览区用于预览实时的视频画面，它始终显示时间指针所在帧的画面，如图7-5所示。预览区左下角显示的00:03/00:11，表示当前时间指针所在的时间刻度为00:03，00:11则表示视频总时长为11秒。

点击预览区底部的▶按钮，即可播放视频；点击▤按钮，即可关闭主轨联动，文字、贴纸、特效等素材轨将不再跟随主轨片段移动或删除；点击◱按钮，即可撤回上一步的操作；点击◲按钮，即可恢复上一步的操作；点击▣按钮，即可全屏预览视频。

（2）时间轴区域

在使用剪映进行视频剪辑时，90%以上的操作是在时间轴区域中完成的。创作者利用单根手指在时间标尺上左右滑动，即可轻松移动时间线，如图7-6所示，并快速定位到需要剪辑的位置。而使用两根手指进行拉伸或收缩，则可以对时间刻度进行放大或缩小，如图7-7所示。

图7-5　预览区

图7-6　移动时间线

图7-7　放大时间刻度

在时间轴下方有一个剪辑轨道区，默认情况下主视频轨道和主音频轨道会显示出来，其他轨道（如画中画、特效轨道、滤镜轨道等）则以气泡或彩色线条的形式出现在主轨道上方，如图7-8所示。例如，点击"特效"按钮，展开特效轨道并显示相应的特效片段，如图7-9所示。

（3）工具栏

视频剪辑界面的底部为工具栏，在不选中任何轨道的情况下，默认显示一级工具栏，包括"剪辑"按钮、"音频"按钮、"文字"按钮、"画中画"按钮、"特效"按钮、"字幕"按钮、"模板"按钮、"滤镜"按钮、"比例"按钮、"数字人"按钮、"调节"按钮等。点击一级工具栏中相应的功能按钮，即可进入该功能的二级工具栏。

需要注意的是，当选中某一轨道后，剪映中的工具栏会进行相应的调整，以显示与当前选中轨道相关的工具栏。图7-10所示为选中滤镜轨道时的工具栏。

图7-8　折叠显示轨道

图7-9　展开特效轨道

图7-10　选中滤镜轨道时的工具栏

## 7.1.2　使用剪映剪辑短视频的基本流程

认识了剪映的操作界面后，接下来学习使用剪映剪辑短视频的基本流程。

### 1．前期准备

在开始剪辑短视频之前，创作者首先需要确定主题，如美食制作、旅游记录、产品推荐、宣传片、知识科普等。短视频主题应具备吸引力和独特性，能够引起观众的兴趣。根据主题进行创意构思，规划短视频的大致内容和结构，然后使用手机、相机等设备拍摄所需的视频素材，在拍摄时要注意画面的稳定性、光线和构图。

### 2．剪辑视频素材

剪辑视频素材主要分为两个步骤，即粗剪和精剪。

（1）粗剪

按照事先规划的结构，将视频素材大致排列在时间轴上，确定短视频的基本框架，对视频素材进行修剪、拼接等操作，去除多余的部分，使短视频内容更加流畅。在这个阶段，主要关注短视频的整体结构和流畅性。

（2）精剪

在粗剪的基础上，对短视频进行细致的剪辑，包括调整每个视频素材的顺序、时长、速度和画面比例等，以达到最佳的叙事节奏。

### 3．制作视频效果

根据需要在短视频中添加适当的特效，如转场效果、特效、动画等，以增强视频画面的视觉效果和吸引力。

### 4．视频调色

根据短视频的主题和风格，对色彩进行调整。创作者可以通过调整亮度、对比度、饱和度等参数，让短视频的色彩更加鲜艳、生动；也可使用滤镜来快速改变视频画面的色调，营造特定的氛围。

### 5．添加音频

根据短视频的节奏和氛围选择合适的背景音乐，并将其添加到短视频中。背景音乐的选择要与短视频内容相匹配，以增强观众的观看体验。同时，创作者还可以为短视频添加恰当的音效，如环境声、动作声等，以增加短视频内容的沉浸感和真实感。

### 6．添加字幕

为短视频添加字幕，包括标题、说明文字、旁白字幕等内容。字幕的添加能够提高短视频内容的可读性，增强信息传达效果。

### 7．制作片头和片尾

片头是观众接触短视频时的第一印象，一个吸引人的片头能够迅速抓住观众的眼球，激发他们的兴趣，让其愿意继续观看下去。片尾标志着短视频内容的结束，给观众一个明确的结束信号，避免内容突然中断造成的突兀感。

## 7.2 剪辑视频素材

剪辑视频素材是短视频创作中至关重要的一环，涉及对原始视频素材进行选择、分割和组合等。

### 7.2.1 素材的导入与分割

打开"素材文件\第7章\都江堰"文件夹，将其中的素材导入剪映，并进行粗剪，删除不需要的片段，具体操作方法如下。

（1）打开剪映，在下方点击"剪辑"按钮✂，在创作区中点击"开始创作"按钮⊕，如图7-11所示。

（2）进入添加素材界面，在上方选择"视频"选项，然后依次选中要添加的视频素材，如图7-12所示。

（3）对于时长较长的视频素材，在添加时可以先对其进行裁剪。点击视频素材的缩览图，在打开的界面中预览视频素材，如图7-13所示，点击"裁剪"按钮✂。

图7-11 点击"开始创作"按钮

图7-12 依次选中要添加的视频素材

图7-13 预览视频素材

（4）进入裁剪界面，拖动左右两侧的滑块裁剪视频素材的左端和右端，如图7-14所示，然后点击✓按钮。

（5）裁剪后的视频素材缩览图左下方会出现"裁剪"图标✂。采用同样的方法对其他视频素材进行裁剪，如图7-15所示，然后点击"添加"按钮。

（6）进入视频剪辑界面，在一级工具栏中点击"比例"按钮▢，在弹出的界面中选择所需的画布比例，在此选择"16∶9"，如图7-16所示，然后点击✓按钮。

（7）拖动时间线，将时间指针定位到要分割视频素材的位置，在主轨道上点击"视频1"片段将其选中，然后点击"分割"按钮Ⅱ分割视频素材，如图7-17所示。

（8）选中分割后左侧的视频素材，点击"删除"按钮▢将其删除，如图7-18所示。

（9）选中"视频1"片段，在预览区中使用两根手指向外拉伸放大画面，如图7-19所示。采用同样的方法，对其他视频素材进行裁剪并调整画面比例。

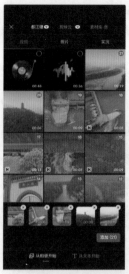

图7-14　裁剪视频素材　　图7-15　对其他视频素材进行裁剪　图7-16　选择"16∶9"画布比例

图7-17　分割视频素材　　　图7-18　删除左侧的视频素材　　图7-19　向外拉伸放大画面

💡 **小技巧**

在处理时长较长的视频时，可以使用两根手指在手机屏幕上捏合将视频轨道"缩短"，这样时间线只需移动较短距离，就能实现视频时间刻度的大范围跳转。

## 7.2.2　精剪视频片段

先提取旁白音频，然后根据旁白音频中的人声调整视频片段的播放速度并进行精剪，具体操作方法如下。

（1）在主轨道最左侧点击"关闭原声"按钮◀，即可将主轨道上所有视频片段的音量设置为0。将时间指针定位到背景音乐的开始位置，在一级工具栏中点击"音频"

┌─ 操作视频 ─┐

精剪视频
片段

按钮，然后点击"提取音乐"按钮，如图7-20所示。

（2）在相册中选择包含旁白的视频文件，点击"仅导入视频的声音"按钮，如图7-21所示，即可插入旁白。

（3）选中并长按"视频3"片段，将其拖曳到目标位置，如图7-22所示，即可调整该视频片段的位置。

图7-20　点击"提取音乐"按钮　图7-21　点击"仅导入视频的声音"按钮　图7-22　调整"视频3"片段位置

（4）选中"视频1"片段，在一级工具栏中点击"变速"按钮，然后点击"曲线变速"按钮，在弹出的界面中选择"闪进"选项，如图7-23所示。

（5）点击"调整参数"按钮，在弹出的界面中根据需要对曲线上的各个锚点进行调整，如图7-24所示，然后点击按钮。

（6）将时间指针定位到第1句人声结束的位置，然后拖动"视频1"片段右侧的修剪滑块至时间指针位置，如图7-25所示，即可修剪片段。

图7-23　选择"闪进"选项　　　　图7-24　调整曲线上的锚点　　　　图7-25　修剪"视频1"片段

（7）选中"视频4"片段，在一级工具栏中点击"变速"按钮 ，进入二级工具栏，如图7-26所示，然后点击"常规变速"按钮 。

（8）在弹出的变速界面中向右拖动滑块调整速度为2x，如图7-27所示，然后点击 按钮。

（9）采用同样的方法，根据旁白中的人声调整其他视频片段的播放速度并进行精剪，如图7-28所示。

 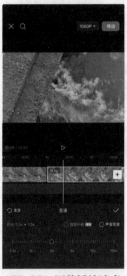 

图7-26　进入二级工具栏　　图7-27　调整播放速度　　图7-28　调整其他视频片段的
播放速度并进行精剪

📖 知识提示

　　在制作较为复杂的曲线变速效果时，如果预设锚点较多，很可能会扰乱调节思路。因此，创作者在制作曲线变速之前，可以先删除预设锚点，以便更清晰地进行变速效果的调整和创作。

# 7.3　制作视频效果与转场

　　在短视频创作中，创作者可以利用"画中画""混合模式"和"转场"功能使多个画面同屏出现，制作出既丰富又极具创意的视觉效果。

## 7.3.1　视频效果设计

操作视频

视频效果
设计

　　在剪映中，除了可以添加手机相册中的视频和图像素材，还可以添加剪映素材库中的视频和图像素材。创作者可以灵活运用各种混合模式，打造出独具创意、层次丰富的视觉效果，具体操作方法如下。

　　（1）将时间指针定位到"视频9"片段的开始位置，在一级工具栏中点击"画中画"按钮 ，进入二级工具栏，如图7-29所示，然后点击"新增画中画"按钮 。

　　（2）进入添加素材界面，在上方选择"素材库"选项，在搜索框中输入"胶片"并搜索素材，然后选中要添加的视频素材，如图7-30所示，点击"添加"按钮。

　　（3）选中画中画轨道上的视频素材，点击"混合模式"按钮 ，在弹出的"混合模式"界面中选择"正片叠底"混合模式，如图7-31所示，然后点击 按钮。

图7-29　进入二级工具栏　　图7-30　选中要添加的视频素材　图7-31　选择"正片叠底"混合模式

（4）采用同样的方法，继续在画中画轨道中添加素材库中的"自然的金色耀斑漏光转场"素材，如图7-32所示。

（5）点击"混合模式"按钮■，在弹出的"混合模式"界面中选择"滤色"混合模式，如图7-33所示，然后点击■按钮。

（6）根据需要调整画中画轨道中素材的长度，如图7-34所示。

图7-32　添加"自然的金色耀斑　　图7-33　选择"滤色"混合模式　　图7-34　调整画中画轨道中
　　　　漏光转场"素材　　　　　　　　　　　　　　　　　　　　　　　　　　素材的长度

📇 知识提示

　　使用"混合模式"功能，一方面，可以将两个不同的视频片段叠加在一起，然后通过调整混合模式的类型，如滤色、叠加等，创造出独特的视觉效果；另一方面，可以将图片作为画中画添加到短视频中，再利用混合模式让图片与视频背景自然融合，以增加短视频的层次感和丰富性。

## 7.3.2 转场的设置

在添加转场效果时，创作者需要注意转场效果与短视频整体风格和节奏的协调性，避免过度使用或选择不合适的转场方式，具体操作方法如下。

（1）点击"视频12"和"视频13"片段之间的转场按钮▯，在弹出的界面中选择"叠化"分类下的"云朵"转场，如图7-35所示，然后点击✓按钮。

（2）此时可以看到两个视频片段之间的转场按钮▯变为⋈样式，说明应用了转场效果。若转场按钮上的连线仍为直线，说明转场效果没有让这两个视频片段产生叠加，在预览区中预览转场效果，如图7-36所示。

（3）点击"视频20"和"视频21"片段之间的转场按钮▯，在弹出的界面中选择"叠化"分类下的"叠化"转场，如图7-37所示，然后点击✓按钮。

图7-35　选择"云朵"转场　　　图7-36　预览转场效果　　　图7-37　选择"叠化"转场

# 7.4　设置画面滤镜与色调

通过合理地设置画面滤镜与色调，创作者可以让短视频的视觉效果更加出色，进一步吸引观众的注意力，并提升短视频的整体质量。

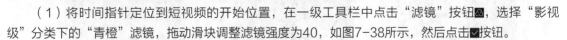
## 7.4.1 设置滤镜

滤镜是一种快速改变画面色调和风格的工具。剪映提供了多种预设滤镜，创作者可以根据视频内容和风格选择合适的滤镜进行应用，具体操作方法如下。

（1）将时间指针定位到短视频的开始位置，在一级工具栏中点击"滤镜"按钮⊗，选择"影视级"分类下的"青橙"滤镜，拖动滑块调整滤镜强度为40，如图7-38所示，然后点击✓按钮。

（2）点击"新增滤镜"按钮⊗，在弹出的界面中选择"影视级"分类下的"琥珀"滤镜，拖动滑块调整滤镜强度为40，如图7-39所示，然后点击✓按钮。

（3）根据需要调整滤镜片段的长度，如图7-40所示，使其覆盖整个短视频。

图7-38　选择"青橙"
滤镜并调整滤镜强度

图7-39　选择"琥珀"
滤镜并调整滤镜强度

图7-40　调整滤镜片段的长度

## 7.4.2　调整画面颜色

对短视频进行调色，使各镜头的色调保持统一，提升视频画面的表现力，具体操作方法如下。

（1）选中"视频1"片段，点击"调节"按钮，如图7-41所示。

（2）进入调节界面，根据需要调整各项调节参数，在此调整"亮度"为-7、"对比度"为17、"光感"为4、"清晰"为5、"高光"为-11、"阴影"为-6，效果如图7-42所示。

（3）采用同样的方法调整其他视频片段，如图7-43所示。

图7-41　点击"调节"按钮

图7-42　调整各项调节参数

图7-43　调整其他视频片段

# 7.5 编辑音频与字幕

在剪映中，创作者可以根据需要为短视频设置音频与字幕。在添加字幕时，既可以手动添加字幕，也可以使用"识别字幕"功能将短视频中的语音内容自动转化为字幕。

## 7.5.1 设置音频

操作视频

设置音频

剪映支持创作者提取本地相册中视频文件的音乐，并单独应用到剪辑项目中，具体操作方法如下。

（1）在一级工具栏中点击"音频"按钮，然后点击"提取音乐"按钮，在本地相册中选择包含背景音乐的视频文件，如图7-44所示，点击"仅导入视频的声音"按钮，提取背景音乐。

（2）在短视频的结束位置修剪背景音乐的长度，使其与短视频结尾对齐。选中背景音乐，点击"音量"按钮，在弹出的界面中拖动滑块调整"音量"为80，如图7-45所示，然后点击按钮。

（3）选中背景音乐，点击"淡入淡出"按钮，在弹出的界面中拖动滑块调整"淡出时长"为3.0s，如图7-46所示，然后点击按钮。

图7-44 选择包含背景音乐的视频文件　　图7-45 调整"音量"　　图7-46 调整"淡出时长"

## 7.5.2  设置字幕

为短视频中的旁白添加同步字幕，并对字幕进行简单编辑，具体操作方法如下。

（1）在一级工具栏中点击"文字"按钮 $\boxed{\text{T}}$，在弹出的界面中点击"识别字幕"按钮 $\boxed{\text{A}}$，如图7-47所示。

（2）在弹出的界面中点击"开始识别"按钮，如图7-48所示，开始自动识别旁白中的字幕。

（3）自动识别出的字幕文本有的文字较多，需要将其分割为短句，点击"编辑字幕"按钮 $\boxed{\text{Z}}$，如图7-49所示。

图7-47  点击"识别字幕"按钮　　图7-48  点击"开始识别"按钮　　图7-49  点击"编辑字幕"按钮

（4）在弹出的界面中将光标定位到要分割的位置，如图7-50所示，点击"换行"按钮即可。

（5）分割完成后，根据需要对字幕文本进行修改。采用同样的方法，继续编辑其他字幕文本，如图7-51所示，然后点击 $\boxed{\checkmark}$ 按钮。

（6）选中文本，点击"样式"按钮 $\boxed{\text{Aa}}$，在弹出的文本编辑界面中点击"样式"分类，点击"取消文本样式"按钮 $\boxed{\text{S}}$，拖动"字号"滑块调整文字大小，如图7-52所示，然后点击 $\boxed{\checkmark}$ 按钮。

图7-50  将光标定位到要分割的位置　图7-51  继续编辑其他字幕文本　　图7-52  设置文本样式

> **知识提示**
>
> 在识别旁白中的字幕时，由于人物发音等因素的影响，很容易导致识别的字幕出现错误。因此，在完成字幕自动识别后，我们必须要认真检查一遍，以便及时对错误的文字内容进行修改。

# 7.6 制作片头与片尾

制作片头与片尾不仅是为了美观和形式上的完整，更是为了提升观众体验、传达信息、建立品牌形象和增强与观众之间的互动。

## 7.6.1 制作片头

通过文字、音效动画等元素，片头能够传达出短视频的主题、风格和情感基调，为观众提供一个大致的预期和氛围。使用剪映中的文字模板制作片头的具体操作方法如下。

（1）拖动时间线，将时间指针定位到短视频的开始位置，在一级工具栏中点击"文字"按钮 **T**，进入其二级工具栏，如图7-53所示，然后点击"文字模板"按钮 **圖**。

（2）在弹出的界面中点击"手写字"标签，选择所需的文字模板，点击 **圖** 按钮，应用文字模板，如图7-54所示，然后点击 **☑** 按钮。

（3）根据需要在预览区中将字幕文本片段调整到合适的大小，然后调整其长度和位置，如图7-55所示。

图7-53 "文字"的二级工具栏

图7-54 应用文字模板

图7-55 调整字幕文本片段

（4）将时间指针定位到"视频2"片段的开始位置，在一级工具栏中点击"文字"按钮 **T**，进入其二级工具栏，如图7-56所示，点击"新建文本"按钮 **A+**。

（5）在弹出的界面中输入文字，点击"字体"分类，然后点击"基础"标签，选择"思源黑体细"字体，如图7-57所示。

（6）点击"样式"分类，拖动滑块调整字号为6，然后在"粗斜体"标签下点击"加粗"按钮B，如图7-58所示。

**图7-56　"文字"的二级工具栏**

**图7-57　输入文字并设置字体**

**图7-58　设置文本样式**

（7）点击"动画"分类，然后点击"入场"标签，选择"向右滑动"动画，如图7-59所示。

（8）点击"出场"标签，选择"闪动"动画，如图7-60所示，然后点击✓按钮。

（9）调整文本片段的长度，点击"复制"按钮，复制文本片段并进行修改，如图7-61所示。

**图7-59　选择"向右滑动"动画**

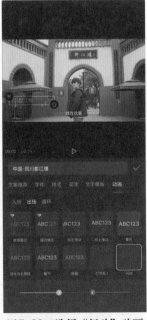

**图7-60　选择"闪动"动画**

**图7-61　复制文本片段并进行修改**

### 7.6.2　制作片尾

与片头相呼应的片尾能够增强短视频的整体感和连贯性，使观众对整个短视频作品留下更深刻的印象，具体操作方法如下。

（1）选中"视频22"片段，点击"动画"按钮，在弹出的界面中点击"出场动画"按钮，选择"渐隐"动画，拖动滑块调整动画时长为2.5s，如图7-62所示，然后点击按钮。

（2）新建并输入文本，根据需要设置字体为魏碑体，字号为6，行间距为6，如图7-63所示。

（3）点击"动画"分类，然后点击"入场"标签，选择"开幕"动画，拖动滑块调整动画时长为1.0s，如图7-64所示。

图7-62　选择"渐隐"动画　　　　图7-63　设置字体格式　　　　图7-64　选择"开幕"动画
　　　　并调整动画时长　　　　　　　　　　　　　　　　　　　　　并调整动画时长

## 7.7　导出并发布短视频

短视频剪辑完成后即可导出，创作者应根据视频内容、目标平台以及观众群体的观看习惯来选择合适的分辨率、帧率和码率。这样可以确保短视频既能清晰地展示细节，又能适应不同设备的播放要求。最后，依据短视频的内容和定位选择合适的短视频平台进行发布。

### 7.7.1　导出短视频

剪映提供了多种分辨率选项，如720P、1080P等，创作者可以根据实际需求进行选择，具体操作方法如下。

（1）短视频剪辑完成后，点击界面右上方的 1080P 按钮，在弹出的界面中设置分辨率、帧率、码率等选项，如图7-65所示。

（2）点击"导出"按钮，开始将短视频导出到手机相册，导出进度显示界面如图7-66所示。

（3）导出完成后，可根据需要选择将短视频分享到抖音或西瓜视频，如图7-67所示，然后点击"完成"按钮。

图7-65　设置导出选项　　　图7-66　导出进度显示界面　　　图7-67　导出完成界面

## 7.7.2　发布短视频

剪映支持将短视频作品直接发布到多个平台，如抖音、西瓜视频等，这极大地简化了发布流程。以抖音短视频平台为例介绍如何发布短视频，具体操作方法如下。

（1）打开"抖音创作者中心"网页并登录抖音账号，然后单击"发布视频"按钮，如图7-68所示。

（2）在打开的"发布视频"页面中单击"上传"按钮 ，上传要发布的短视频；输入短视频标题及作品描述，并添加相关话题，然后单击"选择封面"按钮，如图7-69所示。

图7-68　单击"发布视频"按钮

图7-69　单击"选择封面"按钮

（3）在弹出的"选取封面"对话框中选择要设置为封面的视频画面，拖动裁剪框设置封面，如图7-70所示，然后单击"完成"按钮。

（4）根据需要设置是否同步到其他平台、允许他人保存视频，以及谁可以看、发布时间等分享权限，然后单击"发布"按钮，如图7-71所示，即可发布短视频。

图7-70 设置封面

图7-71 单击"发布"按钮

# 课堂实训：使用剪映剪辑古风短视频

操作视频

使用剪映剪辑
古风短视频

效果视频

使用剪映剪辑
古风短视频

## 1. 实训背景

随着社会的快速发展和科技的日新月异，现代生活节奏逐渐加快，人们在享受物质文明的同时，也开始寻求精神上的寄托。古风文化以其独特的魅力和深厚的文化底蕴，成为许多人追求心灵慰藉和文化认同的重要选择。

古风文化蕴含着丰富的中华优秀传统文化元素，如诗词歌赋、琴棋书画、传统服饰等。这些元素不仅具有深厚的历史底蕴，还承载着中华民族的共同记忆和文化基因。通过古风短视频，人们能够感受到中华优秀传统文化的魅力和力量，从而增强文化认同感和归属感。

古风短视频往往以精美的画面、悠扬的音乐和深情的旁白为特点，营造一种唯美、梦幻的氛围。这种氛围能够满足人们对美的追求和向往，同时也能引发情感共鸣，让人们在忙碌的生活中找到片刻的宁静和慰藉。

## 2. 实训要求

打开"素材文件\第7章\课堂实训"文件夹，使用剪映剪辑一条"清明雨上"古风短视频，效果如图7-72所示。

图7-72 "清明雨上"古风短视频

### 3. 实训思路

（1）剪辑视频素材

将视频素材依次导入剪辑界面，提取背景音乐并进行踩点，然后根据音乐节拍点对视频素材进行裁剪。

（2）制作转场效果

在各视频片段的组接位置添加合适的转场效果，让镜头切换更加自然、流畅。

（3）设置画面滤镜与色调

为短视频添加调节和滤镜进行风格化调色，根据需要对各视频片段进行单独调色。

（4）编辑音频和字幕

调整背景音乐的淡入和淡出时长，并在短视频的开始位置添加"一滴水滴声"音效。使用"识别字幕"功能识别歌词，然后为文本设置字体、字号、阴影等格式。

（5）制作片头

使用素材库中的"水墨转场素材"和"模糊"特效为短视频制作片头。使用文字和贴纸在短视频片头添加字幕，然后导出短视频。

## 课后练习

1. 简述使用剪映剪辑短视频的基本流程。

2. 打开"素材文件\第7章\课后练习"文件夹，使用剪映剪辑一条品茶治愈系短视频，效果如图7-73所示。

图7-73　品茶治愈系短视频

第 **8** 章

# 三农产品推荐短视频创作

## 学习目标

➤ 了解三农产品推荐短视频的创作要点。

➤ 掌握三农产品推荐短视频的拍摄要点。

➤ 掌握使用剪映剪辑三农产品推荐短视频的方法。

## 本章概述

　　随着短视频行业的蓬勃发展，三农领域也迎来了前所未有的发展机遇，尤其是三农产品推荐短视频，已经成为连接城市与乡村、农民与消费者的重要桥梁。本章将详细介绍三农产品推荐短视频的创作要点、拍摄和剪辑方法，通过短视频推荐三农产品，助力乡村振兴，拓宽三农产品的销售渠道。

## 本章关键词

拍摄视频素材　自动踩点　色度抠图　出场动画　识别字幕

# 8.1 三农产品推荐短视频的内容策划与创作要点

三农产品是指与农民、农村、农业（简称"三农"）紧密相关的产品。三农产品推荐短视频通过直观展示三农产品，能够拓宽销售渠道，提升品牌知名度，同时传播乡村文化，促进农村经济发展并帮助农民增收。下面将介绍三农产品推荐短视频的内容策划与创作要点。

## 8.1.1 三农产品推荐短视频内容策划

三农产品推荐短视频通过直观展示三农产品的生长环境、生产过程、品质特点等，有效打破了传统销售渠道的信息壁垒，使消费者能够更直接、更全面地了解三农产品，从而激发其购买欲望。这种方式不仅促进了三农产品的线上销售，还带动了线下体验的兴起，实现了三农产品销售渠道的多元化。

下面将从内容主题、内容表现形式及内容创作方向三个方面，深入探讨如何进行三农产品推荐短视频的内容策划。

### 1. 内容主题

（1）特色农产品展示

三农产品推荐短视频通常聚焦于某一类或某一具体的三农产品，如绿色食品、有机农产品、特色果蔬等，通过详细介绍其特点、产地、种植或养殖过程等，让观众对产品有更深入的了解。例如，介绍红心猕猴桃时，要突出其甜度高、富含维生素C等特点，如图8-1所示。

三农产品推荐短视频强调产品的真实性和原生态，通过实地拍摄展示三农产品的生长环境（见图8-2）、采摘过程、制作工艺等，增加观众对产品的信任度。

图8-1　介绍产品特点

图8-2　展示三农产品的生长环境

（2）农民故事与乡村生活

分享农民种植或养殖三农产品的辛勤过程和故事。创作者可以采访农民，让他们讲述自己的务农经历、对三农产品的热爱，以及传承的农业技艺等，如图8-3所示。

展现乡村生活的宁静与美好，如乡村的日出日落、田间劳作的场景、农家小院的生活等。让观众在欣赏美景的同时，对乡村生活产生无限的向往。

（3）三农产品制作与美食分享

展示三农产品的制作过程，如手工艺品的制作、将三农产品加工成特色美食等。创作者可以通过教程的形式，让观众学会如何利用三农产品制作美味佳肴。例如，用新鲜的草莓制作草莓果酱，如图8-4所示，并详细介绍制作步骤和注意事项等。

分享用三农产品制作的美食，进行美食评测和推荐。创作者可以邀请美食博主品尝用三农产品制作的美食，分享他们的感受和评价。

（4）农业科技与创新

介绍种植或养殖三农产品过程中采用的先进科技与创新方法，如智能灌溉系统、无人机植保、生态养殖技术等，让观众了解现代农业的发展趋势，增加观众对三农产品的信任度。例如，展示现代化蔬菜大棚，如图8-5所示，介绍其自动控温、自动浇水等功能。

图8-3　农民故事　　　　图8-4　利用三农产品制作美味佳肴　　　　图8-5　农业科技与创新

**素养小课堂**

通过发展现代农业、建设美丽乡村，不仅可以提升农业生产效率，还可以保护和传承农耕文化。在短视频时代，我们要有意识地拿起手中的工具，用短视频推广、商业宣传、文化推广和旅游宣传等方式加入乡村振兴的队伍。

## 2. 内容表现形式

（1）实地拍摄+解说

采用实地拍摄的方式，展示三农产品的生长环境、采摘过程等，配以清晰、生动的解说，给观众打造身临其境的视觉体验。

（2）情景剧/微电影

通过情景剧/微电影的形式，将三农产品融入日常生活场景，增加短视频内容的趣味性和观赏性，同时传递产品信息和品牌价值。

（3）Vlog

以个人视角记录探访农场、参与农事活动的过程，分享个人体验和感受，以增强观众的信任感和亲近感。

### 3．内容创作方向

（1）真实性与客观性

在推荐三农产品时，要保持真实性和客观性，不能夸大其词或虚假宣传。创作者可以通过实地拍摄、采访农民等方式，让观众了解三农产品的真实情况。对于三农产品的优点和不足要如实介绍，让观众能够做出理性的购买决策。

（2）构建品牌故事与IP

围绕三农产品构建独特的品牌故事，塑造品牌形象，通过持续的内容输出，形成具有影响力的IP，提升品牌知名度和忠诚度。

（3）注重内容质量与创新

保证视频画面清晰、音质良好，同时注重内容质量与创新，避免同质化竞争，提高观众留存率和分享意愿。

## 8.1.2　三农产品推荐短视频创作要点

三农产品推荐短视频作为产品营销的一种表现形式，其核心目的在于捕捉观众的兴趣点，通过丰富且真实的内容引发观众的情感共鸣，进而激发他们对三农产品的购买欲望，促使最终购买行为的发生。

### 1．确定主题和目标观众

根据三农产品的特点和目标市场，确定短视频的主题。例如，针对大学生可以将"健康时尚的乡村美食"作为主题；面向家庭主妇，则可以突出三农产品的新鲜、安全和易烹饪等特点。

明确目标观众的需求和兴趣点，以便在内容创作中更好地满足他们的期望。例如，年轻人可能更关注三农产品的创意吃法和时尚包装，而中老年人可能更注重营养价值和价格实惠。

### 2．挖掘并提炼产品卖点

深入挖掘三农产品的产出过程、种植或养殖故事，以及背后的人文情怀。这些细节可以是农民的日常劳作场景、与自然环境的和谐共生、世代传承的种植或养殖技艺，或者是三农产品对当地人民的重要意义等。提炼这些细节，可以使故事更生动、真实。

### 3．创意构思

运用新颖的创意和独特的视角来呈现故事。例如，创作者可以采用时间倒叙或插叙的手法，打破常规的叙事顺序；利用无人机航拍来展现广阔的农田风光，或者通过微距镜头来捕捉三农产品细腻的纹理和生长变化等。这些创意手法和独特视角能够提升短视频的观赏性和吸引力。

### 4．撰写脚本

撰写脚本时，创作者应依据故事框架和细节来进行提炼。脚本应包含镜号、景别、画面及台词等内容，以确保故事线索清晰、情节紧凑。同时，创作者要注重对话和旁白的运用，借助生动的语言和情感表达，引导观众进入故事情境，感受三农产品的魅力及其背后的故事。

# 8.2 拍摄三农产品推荐短视频的视频素材

只有运用合适的方法和技巧，才能拍摄出既吸引人又富有感染力、同时还能够精准传达产品价值的三农产品推荐短视频的视频素材。下面将介绍三农产品推荐短视频的拍摄要点与拍摄方法。

## 8.2.1 三农产品推荐短视频的拍摄要点

下面将从前期准备、运用光线、拍摄三农产品外观、拍摄生长环境、拍摄农民或生产者，以及拍摄制作过程这几个方面，介绍三农产品推荐短视频的拍摄要点。

### 1. 前期准备

在拍摄三农产品推荐短视频前，创作者需要制订详细的拍摄计划，包括拍摄时间、地点、内容以及镜头分配等方面，以确保拍摄过程有条不紊。针对天气变化、光线不足等不可控因素，创作者应提前制订应对措施，如准备反光板、补光灯等照明设备，或者调整拍摄时间，以避开不利条件。

根据实际拍摄需求准备合适的摄像设备，如单反相机、智能手机、无人机等。此外，还需配备三脚架、稳定器等辅助设备，以保证画面的稳定性。

### 2. 运用光线

在拍摄时，创作者要充分利用自然光，避免阳光直射造成的阴影和过曝。创作者可以选择在阴天或多云的天气进行拍摄，此时光线均匀，适宜拍摄三农产品。

若需要补光，可以使用反光板或补光灯。反光板能够反射自然光，增加阴影部分的亮度；补光灯则可以在光线不足时提供必要的光源补充。

### 3. 拍摄三农产品外观

采用简洁的构图方式，避免背景杂乱，要使三农产品成为画面的焦点。创作者可以尝试从不同角度拍摄三农产品，如正面、侧面、顶部和底部等，以展现其不同面貌。还可以运用特写镜头捕捉三农产品的细节，如纹理、色泽、光泽等，让观众近距离感受三农产品的品质。

### 4. 拍摄生长环境

选择能够代表三农产品生长环境的场地进行拍摄，如大片农田、果园、茶园等。如果是特色三农产品，可以挑选具有独特地理标识的区域，如特定山区、河谷地带等。

尝试运用不同拍摄角度来展现三农产品的生长环境和细节。例如，采用平视角度拍摄，可以获得更具真实感和亲近感的画面；采用仰视角度拍摄，能够突出三农产品的高大与挺拔，赋予其积极向上的视觉感受；采用俯视角度拍摄，可以借助梯子、山坡等高处位置或使用无人机从高空俯拍，以展示三农产品种植或养殖的规模和布局。

### 5. 拍摄农民或生产者

拍摄农民或生产者时，可以采用中景或近景，清晰地展现他们的表情和情感。在拍摄过程中，不要过于刻意引导被采访者，而要让他们自然地表达想法和感受，捕捉真实的瞬间，如被采访者的笑声、沉思的表情等，使视频内容更加生动、感人。

### 6. 拍摄制作过程

如果三农产品有特殊的制作过程，如酿造、腌制、加工等，可以拍摄制作过程的各个环节。在拍摄制作过程时，创作者可以使用三脚架固定相机进行多角度拍摄，或者使用稳定器进行移动拍摄。

## 8.2.2 拍摄鸭背杨梅产品推荐短视频

下面将介绍鸭背杨梅产品推荐短视频各分镜头素材的拍摄方法，分为室内拍摄、户外拍摄、无人机航拍三个部分。

### 1. 室内拍摄

拍摄之前，创作者应挑选成熟度适中、色泽鲜艳且果实饱满的鸭背杨梅，这样在镜头下能够呈现出最佳的视觉效果。采用纯色背景可以简化画面，使观众的注意力更集中于鸭背杨梅的颜色、形状和质感，如图8-6所示。

图8-6　室内拍摄鸭背杨梅

若室内自然光条件欠佳，可以使用柔光箱或反光板补充光线，避免直射硬光造成阴影和反光。从侧光或背光角度打光，能够凸显鸭背杨梅的立体感和质感。在拍摄过程中，可以尝试不同的拍摄角度，如平拍、俯拍等，以展现鸭背杨梅的不同特点和形态。此外，还可运用特写镜头拍摄鸭背杨梅的细节，如果实表面的纹理、光泽等。

### 2. 户外拍摄

若要到户外取景，在正式拍摄前需要提前了解果园的地形、光照条件，以及杨梅树的分布情况，以便更好地规划拍摄路线与角度。同时，创作者要根据不同的拍摄需求准备不同的镜头。例如，广角镜头可用于拍摄果园的全景，长焦镜头能够拍摄远处的杨梅树和风景，微距镜头则适合拍摄鸭背杨梅的特写，如图8-7所示。

拍摄时，先对杨梅树的整体进行拍摄，再逐渐过渡到果农。在拍摄果农采摘鸭背杨梅的过程时，要注意拍摄果农的动作和表情，以增加短视频的趣味性和感染力，尤其要注意捕捉果农登高爬树、采摘鸭背杨梅,以及将鸭背杨梅放入篮子等细节,如图8-8所示。

**图8-7  使用不同镜头拍摄鸭背杨梅**

**图8-8  拍摄果农采摘鸭背杨梅的过程**

## 3. 无人机航拍

在使用无人机航拍之前,创作者应根据果园的地形以及果农的采摘位置规划好无人机的飞行路线,选择能够展现果园全貌和果农采摘场景的路线。拍摄果园全貌时,可以升高无人机以获得广阔视野,如图8-9所示。但注意不要飞得过高,以免超出控制范围或违反相关法规。

**图8-9  使用无人机拍摄果园全貌**

拍摄果农登高采摘场景时,可以适当降低无人机的高度,以便更好地捕捉果农的动作和表情。创作者可以尝试不同的俯拍角度,如正上方、斜上方等,如图8-10所示,并且可以通过调整云台角度来改变拍摄角度。

📋 **知识提示**

在航拍过程中,要保持无人机稳定飞行,避免突然动作影响画面质量。创作者可以使用"自动悬停"功能,在需要时保持位置稳定。

图8-10　拍摄果农登高采摘场景

# 8.3　使用剪映剪辑鸭背杨梅产品推荐短视频

　　拍好视频素材后，下面使用剪映剪辑鸭背杨梅产品推荐短视频，包括剪辑片头、剪辑视频素材、编辑音频、视频调色、制作视频效果和添加字幕等。

效果视频

使用剪映剪辑
鸭背杨梅产品
推荐短视频

操作视频

剪辑片头

## 8.3.1　剪辑片头

　　在剪辑片头时，要去除无用的镜头和片段，只保留与鸭背杨梅相关的关键信息和精彩画面，让观众能够快速了解短视频的主题，具体操作方法如下。

　　（1）打开"素材文件\第8章\鸭背杨梅"文件夹，将其中的素材导入手机相册，在创作区中点击"开始创作"按钮⊞，将"视频1"～"视频4"素材依次导入剪映编辑界面，如图8-11所示。

　　（2）在一级工具栏中点击"比例"按钮▣，在弹出的界面中选择"16：9"，如图8-12所示，然后点击☑按钮。

　　（3）根据需要对各视频素材进行修剪，如图8-13所示。

图8-11　导入视频素材　　　图8-12　选择"16：9"比例　　　图8-13　修剪视频素材

　　（4）将时间指针定位到短视频的开始位置，在一级工具栏中点击"音频"按钮♬，进入其二级工具栏，如图8-14所示，然后点击"提取音乐"按钮▣。

　　（5）在手机相册中选择包含背景音乐的视频文件，如图8-15所示，点击"仅导入视频的声音"按钮。

（6）选中背景音乐，在工具栏中点击"节拍"按钮 ，在弹出的界面中打开"自动踩点"开关 ，拖动滑块选择踩点的快慢节奏，如图8-16所示。

**图8-14　"音频"的二级工具栏　图8-15　选择包含背景音乐的视频文件　图8-16　拖动滑块选择踩点的快慢节奏**

（7）将时间指针定位到需要进行标记的时间点，点击"添加点"按钮 ，即可在时间指针所在的位置添加黄色标记，如图8-17所示，然后点击 按钮。

（8）选中"视频1"片段，在工具栏中点击"基础属性"按钮 ，在弹出的界面中点击"缩放"按钮，拖动标尺调整"缩放"参数为140%，如图8-18所示。采用同样的方法，对"视频3"片段的构图进行调整，使画面主题更加突出。

（9）调整"视频1"片段的右端到第1个节拍点的位置。采用同样的方法，根据背景音乐的节拍点对其他视频片段进行修剪，如图8-19所示。

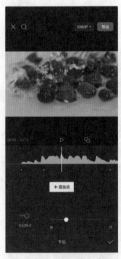  

**图8-17　添加黄色标记　　　图8-18　调整"缩放"参数　　　图8-19　修剪其他视频片段**

**知识提示**

添加标记点后，建议创作者再从头听一遍是否能够对应音乐鼓点，如果不对应，则点击"删除点"按钮 ，即可将标记删除。

（10）将时间指针定位到"视频4"片段的开始位置，在一级工具栏中点击"文字"按钮▓，点击"新建文本"按钮▓，在弹出的界面中输入"鸭背"，点击"字体"分类，然后点击"书法"标签，选择"毛笔行楷"字体，如图8-20所示。

（11）点击"样式"分类，然后点击"文本"标签，调整"字号"为27，如图8-21所示。

（12）点击"排列"标签，点击▓按钮，拖动滑块调整"行间距"为－3，如图8-22所示。

图8-20　选择"毛笔行楷"字体　　　图8-21　调整"字号"为27　　　图8-22　调整行间距

（13）点击"动画"分类，然后点击"入场"标签，选择"渐显"动画；再点击"出场"标签，选择"渐隐"动画，如图8-23所示。

（14）点击"复制"按钮▓复制文本片段，修改文本内容和字号，如图8-24所示，然后点击▓按钮。

（15）调整文本片段的长度，如图8-25所示，使其与"视频4"片段的右端对齐。

图8-23　添加动画效果　　　图8-24　复制文本片段并修改　　　图8-25　调整文本片段的长度

## 8.3.2　剪辑视频素材

根据短视频旁白中的人声对视频片段进行剪辑，具体操作方法如下。

（1）将时间指针定位到要添加视频素材的位置，点击主轨道右侧的"添加素材"按钮⊕，依次选中要导入的其他视频素材，如图8-26所示，然后点击"添加"按钮。

（2）根据需要修剪视频素材，如图8-27所示，只保留要用的画面。

（3）选中"视频22"片段，点击"变速"按钮◷，在弹出的界面中点击"常规变速"按钮◩，如图8-28所示。

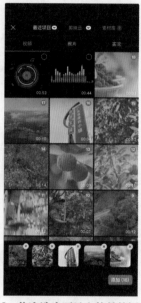

| 图8-26　依次选中要导入的其他视频素材 | 图8-27　修剪视频素材 | 图8-28　点击"常规变速"按钮 |

（4）在弹出的"变速"界面中向右拖动滑块调整播放速度为0.3x，如图8-29所示，然后点击◪按钮。

（5）点击"防抖"按钮▥，在弹出的界面中拖动滑块选择"推荐"防抖效果，如图8-30所示，然后点击◪按钮。

📖 知识提示

当拍摄短视频时，由于手持设备的晃动、行走、运动等原因，很容易导致视频画面出现抖动，影响观众的观看体验。使用剪映的"防抖"功能可以有效减弱晃动幅度，让画面看起来更加平稳。

（6）采用同样的方法，根据需要对其他视频片段的播放速度进行调整，如图8-31所示。

（7）在主轨道最左侧点击"关闭原声"按钮◁，在一级工具栏中点击"音频"按钮♬，进入其二级工具栏，点击"提取音乐"按钮▣，在相册中选择包含旁白的视频文件，如图8-32所示，然后点击"仅导入视频的声音"按钮。

（8）将时间指针定位到00:07的位置，调整旁白音频片段的位置，如图8-33所示，使其人声的开始位置与时间指针对齐。

（9）根据旁白音频中的人声对其他视频片段进行修剪，效果如图8-34所示。

图8-29　调整播放速度为0.3x　　图8-30　选择"推荐"防抖效果　图8-31　调整其他视频片段的播放速度

图8-32　选择包含旁白的视频文件　图8-33　调整旁白音频片段的位置　　图8-34　修剪其他视频片段

## 8.3.3　编辑音频

操作视频

编辑音频

在编辑音频时，需要注意调整音频的音量和声音效果，使其与短视频内容完美匹配，具体操作方法如下。

（1）选中背景音乐，点击"音量"按钮，在弹出的界面中拖动滑块调整"音量"为80，如图8-35所示，然后点击"完成"按钮。

（2）点击"淡入淡出"按钮，在弹出的界面中拖动滑块调整"淡出时长"为3.0s，如图8-36所示，然后点击"完成"按钮。

（3）选中旁白片段，点击"声音效果"按钮，在弹出的界面中点击"场景音"标签，选择"麦霸"效果，如图8-37所示。

图8-35　调整"音量"　　　图8-36　调整"淡出时长"　　　图8-37　选择"麦霸"效果

## 8.3.4　视频调色

操作视频
视频调色

使用"调节"和"滤镜"功能对鸭背杨梅产品推荐短视频进行调色,以增强视频画面的色彩层次,具体操作方法如下。

（1）将时间指针定位到短视频的开始位置,点击"调节"按钮，进入"调节"界面,拖动滑块调整"对比度"为3、"光感"为8,如图8-38所示,然后点击按钮。

（2）点击"新增滤镜"按钮，在弹出的界面中选择"美食"分类下的"暖食"滤镜,拖动滑块调整滤镜强度为59,如图8-39所示,然后点击按钮。

（3）调整"调节1"和"暖食"滤镜片段的长度,如图8-40所示,使其与"视频4"片段的右端对齐。

图8-38　调整"调节"参数　　图8-39　选择"暖食"滤镜　图8-40　调整"调节1"和"暖食"
　　　　　　　　　　　　　　并调整滤镜强度　　　　　　滤镜片段的长度

（4）将时间指针定位到"视频5"片段的开始位置，点击"新增调节"按钮，进入"调节"界面，拖动滑块调整"对比度"为18、"饱和度"为3，如图8-41所示，然后点击✓按钮。

（5）选中"视频17"片段，点击"调节"按钮，进入"调节"界面，根据需要调整各项调节参数，在此调整"亮度"为-2、"饱和度"为-3、"阴影"为-4、"黑色"为-2，如图8-42所示，然后点击✓按钮。

（6）采用同样的方法，对其他视频片段进行单独调色，如图8-43所示。

图8-41 新增"调节"片段并调整参数　　图8-42 调整"视频17"片段的"调节"参数　　图8-43 调整其他视频片段的"调节"参数

💡 小技巧

若需要将滤镜效果同时添加到其他视频片段中，可以在选择滤镜效果后点击"全局应用"按钮。

## 8.3.5　制作视频效果

操作视频

制作视频效果

为短视频制作视频效果，包括色度抠图、添加转场效果和添加动画效果等，具体操作方法如下。

（1）点击"视频4"和"视频5"片段之间的转场按钮，在弹出的界面中选择"叠化"分类下的"闪黑"转场，如图8-44所示，然后点击✓按钮。

（2）点击"视频20"和"视频21"片段之间的转场按钮，在弹出的界面中选择"热门"分类下的"叠化"转场，如图8-45所示，然后点击✓按钮。

（3）选中"视频4"片段，点击"抠像"按钮，在弹出的界面中点击"色度抠图"按钮，如图8-46所示。

（4）在预览区中拖动"取色器"选取需要去除的黑灰色背景，拖动滑块调整"强度"为15，如

图8-47所示，然后点击☑按钮。

（5）在预览区中将鸭背杨梅素材拖至合适的位置，效果如图8-48所示。

（6）选中"视频22"片段，点击"动画"按钮◉，在弹出的界面中点击"出场动画"按钮，选择"渐隐"动画，如图8-49所示，然后点击☑按钮。

图8-44 选择"闪黑"转场

图8-45 选择"叠化"转场

图8-46 点击"色度抠图"按钮

图8-47 抠除黑灰色背景

图8-48 调整鸭背杨梅素材位置

图8-49 选择"渐隐"动画

### 8.3.6　添加字幕

操作视频

添加字幕

　　鸭背杨梅产品推荐短视频中的字幕要与画面内容相协调。使用"识别字幕"功能为短视频添加字幕，具体操作方法如下。

　　（1）在一级工具栏中点击"文字"按钮▉，进入其二级工具栏，然后点击"识别字幕"按钮▉，在弹出的界面中点击"开始识别"按钮，如图8-50所示，开始自动识别旁白中的字幕。

　　（2）选中文本，点击"字体"分类，然后点击"基础"标签，选择"思源宋体粗"字体。点击"样式"分类，调整"字号"为6，点击"阴影"标签，选择黑色阴影，拖动滑块调整"透明度"为50%、"模糊度"为10%，如图8-51所示，然后点击▉按钮。

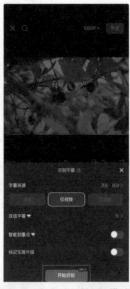

图8-50　点击"开始识别"按钮

图8-51　调整阴影效果

　　（3）复制片头文本并拖至短视频的结束位置，如图8-52所示。至此，该短视频剪辑完成，点击"导出"按钮即可导出短视频。

图8-52　复制片头文本并拖至短视频的结束位置

# 课堂实训：使用剪映剪辑软籽石榴产品推荐短视频

操作视频

使用剪映剪辑
软籽石榴产品
推荐短视频

效果视频

使用剪映剪辑
软籽石榴产品
推荐短视频

## 1. 实训背景

在乡村振兴的时代背景下，三农产品推荐短视频的数量呈井喷式增长态势。这些短视频以农业、农村、农民为主要创作对象，以乡村经济、乡村生活、乡村文化为主要展示内容，通过社交平台进行传播。三农产品推荐短视频不仅记录了乡村生活的点点滴滴，展示了农民的真实生活状态，还传播了乡村文化，拉近了城乡之间的距离。同时，三农产品推荐短视频也为三农产品的销售和乡村旅游的推广提供了新的渠道和机遇。

## 2. 实训要求

打开"素材文件\第8章\课堂实训"文件夹，使用剪映剪辑一条软籽石榴产品推荐短视频，效果如图8-53所示。

图8-53 软籽石榴产品推荐短视频

## 3. 实训思路

（1）粗剪视频素材
按照剪辑顺序将视频素材导入剪映的编辑界面，并对视频素材进行粗剪。
（2）精剪视频素材并添加背景音乐
提取旁白音频，根据旁白中的人声对视频素材进行精剪，然后在音乐库中选择合适的背景音乐，并调整背景音乐的音量和淡出时长。
（3）视频调色
为短视频添加"暖食""绿妍""亮肤"等滤镜进行风格化调色，然后调整滤镜的强度。
（4）添加字幕
使用"识别字幕"功能添加字幕，然后为文本设置字体、字号、预设样式等格式。

# 课后练习

1. 简述三农产品推荐短视频的创作要点。

2. 根据本章所学知识，尝试拍摄三农产品推荐短视频的视频素材。

3. 打开"素材文件\第8章\课后练习"文件夹，使用剪映剪辑一条咸鸭蛋产品推荐短视频，效果如图8-54所示。

**图8-54　咸鸭蛋产品推荐短视频**

# 第 9 章

# 生活Vlog创作

**学习目标**

➤ 掌握生活Vlog内容策划方法和创作要点。
➤ 掌握生活Vlog的拍摄要点。
➤ 掌握使用Premiere剪辑生活Vlog的方法。

**本章概述**

　　生活Vlog是一种通过视频形式记录个人生活、分享经验、表达观点的方式，它正以其独特的魅力，引领人们重新发现、感受并分享生活的点滴美好。本章将详细介绍生活Vlog的内容策划与创作要点、拍摄和剪辑方法，以真实、生动、有趣的方式展现个人生活，为观众带来全新的视觉和情感体验。

**本章关键词**

创建代理　时间重映射　重新混合　轨道遮罩键
色轮和匹配

# 9.1 生活Vlog内容策划与创作要点

生活Vlog的内容主题丰富多样，涵盖了日常生活的方方面面。它不仅是一种记录手段，更是一种情感的表达、个性的展现和生活的艺术。通过生活Vlog，创作者可以跨越时空的限制，分享自己的喜怒哀乐，传递正能量，激发观众的情感共鸣。

## 9.1.1 生活Vlog内容策划

创作者想要创作出精彩的生活Vlog并非易事，需要精心策划内容、巧妙构思结构、注重拍摄细节，并用心剪辑制作。生活Vlog内容策划的方法如下。

### 1. 确定选题

生活Vlog的选题方向很多，创作者可以根据自己的兴趣、特长和目标受众的需求进行选择。常见的生活Vlog选题如下。

（1）日常生活记录

● 日常琐事：记录每天的生活片段，如起床、洗漱、做饭、工作、学习、娱乐、休息等，展现个人生活的真实面貌。

● 生活方式：分享个人的生活习惯、作息时间、健康饮食等，传递健康生活的理念。

（2）旅行与探险

● 旅行见闻：记录旅行过程中的所见所闻，包括自然风光、人文景观、当地美食、文化体验等，为观众带来身临其境的旅行感受。

● 户外探险：记录徒步、露营、骑行等户外活动，探索所在地的隐藏角落，发现不为人知的美景和故事。

（3）美食与探店

● 美食制作：展示美食的制作过程，介绍食材、调料、烹饪技巧及成品展示，同时分享美食背后的故事或情感。

● 美食探店：记录探访美食店的经历，分享美食体验和评价。

（4）学习与个人成长

● 学习记录：记录学习新知识或技能的过程，分享学习方法和心得，帮助观众提高学习效率。

● 个人成长：设定并挑战自己完成某项任务或活动，如学习新技能、健身挑战、掌握新的运动技巧等，展现个人成长和进步。

（5）兴趣爱好与特长

● 特长展示：通过Vlog展示自己的特长或才艺，如舞蹈、唱歌、乐器演奏等，增加观众的观赏性和互动性。

● 手作：分享手工制作的过程和成品，如手工皮具、陶艺、木工等，为观众提供手作灵感和乐趣。

（6）情感与人际关系

● 亲情友情：记录与家人、朋友之间的互动和温馨时刻，展现亲情和友情的珍贵。

● 恋爱日常：分享恋爱中的甜蜜瞬间和日常点滴，传递爱情的温暖和美好。

（7）社会热点与公益活动

● 社会热点：关注并记录社会热点事件或话题，表达自己的观点和看法。

- 公益活动：参与并记录公益活动，如环保行动、志愿服务等，传递正能量和社会责任感。

（8）特殊场合与节日庆典

- 节日庆典：记录各种节日、庆典等特殊场合的庆祝活动，分享节日氛围和欢乐时光。
- 纪念日：记录重要纪念日或人生里程碑的庆祝活动，如毕业典礼、生日聚会、婚礼等。

（9）购物与消费

- 购物分享：分享购物体验和心得，包括商场购物、网购、二手市场淘货等。
- 消费观念：探讨并分享个人的消费观念和理财经验，引导观众理性消费。

（10）其他类

- 开箱评测：介绍并评测新产品，为观众提供购买建议。
- 时尚穿搭：分享时尚穿搭技巧和搭配心得，为观众提供穿搭灵感。
- 宠物日常：记录宠物的日常生活和趣事，展现宠物与主人的温馨互动。

## 2. 内容策划方法

为了让生活Vlog更加有趣和有意义，创作者需要对其内容进行策划。内容策划方法为：明确目标（目标观众、目的或意图）、选择主题与内容、规划结构与节奏、视觉与听觉设计、互动与反馈等。下面以一个美食制作Vlog的策划方案为例进行介绍。

**案例名称：**《家庭烘焙入门：自制披萨教程》

**目标观众：**对烘焙感兴趣的家庭主妇、美食爱好者、初学者。

**目的：**本视频将教授观众如何在家自制美味的披萨，同时传递健康饮食的理念，鼓励大家自己动手制作美食。

**选择主题与内容：**

- 选择"家庭烘焙"这一热门话题，如自制披萨。
- 从选材、准备、制作到烘焙，全面覆盖披萨制作的每一个步骤。
- 强调使用新鲜食材和简单方法，适合初学者。

**规划结构与节奏：**

开头：展示成品披萨的诱人画面，简短介绍视频内容。

内容展开：

- 选材环节：介绍所需食材及选择技巧。
- 准备环节：展示面团制作、酱料调配等步骤。
- 制作环节：详细演示披萨饼皮铺展、食材摆放等过程。
- 烘焙环节：介绍预热烤箱、设置温度和时间、观察烘焙等过程。

高潮：展示披萨出炉的瞬间，特写镜头展现金黄酥脆的饼皮和丰富的馅料。

结尾：总结制作要点，鼓励观众尝试并分享自己的作品。

**视觉与听觉设计：**

- 使用温暖的色调和柔和的光影效果，营造温馨的家庭氛围。
- 背景音乐选择轻快愉悦的旋律，与视频内容相协调。
- 加入切食材、搅拌等音效，增强真实感。

**互动与反馈：**

- 视频中设置提问环节，询问观众最喜欢的披萨口味。
- 发布后通过社交媒体收集观众反馈，并分享观众的成功作品和心得。

## 9.1.2 生活Vlog创作要点

在生活Vlog创作中，创作者需要注意以下创作要点。

### 1. 真实性

生活Vlog的核心在于真实，观众喜欢看到未经雕琢、贴近生活的内容。因此，保持内容的真实性和自然性至关重要。

> **素养小课堂**
>
> 真实性是Vlog的灵魂。创作者首先要树立诚信为本的原则，应尽可能地反映真实情况，尊重并呈现自己真实的情感和反应，避免为了效果而刻意表演或假装，编造无中生有的内容。自然、真实的表达有助于观众与创作者建立情感上的连接，感受到创作者的真诚。

### 2. 个性化

每个创作者都有自己独特的个性和风格，生活Vlog应充分展现这种个性和风格。无论是语言风格、拍摄手法还是剪辑方式，都要与创作者的个性相匹配。

### 3. 互动性

生活Vlog不仅是单向的分享，还可以通过评论、弹幕、问答等方式与观众进行互动。创作者可以回应观众的反馈，增强与观众之间的联系。

### 4. 故事性

出彩的生活Vlog往往具有故事性。将Vlog内容以故事的形式展现出来，通过设置情节和悬念引导观众持续关注。

### 5. 高质量

高质量的拍摄设备和稳定的拍摄手法，是确保画面清晰与稳定的关键。此外，合理运用光线与色彩，不仅可以增强画面的美感，还能营造出令人舒适的视觉体验。清晰的画面、流畅的剪辑以及恰当的音效，这些元素相辅相成，共同构成了提升观众观看体验不可或缺的因素。

# 9.2 拍摄生活Vlog的视频素材

拍摄生活Vlog的视频素材之前，首先需要明确拍摄内容，然后选择合适的拍摄设备，还要灵活运用一些拍摄技巧。

## 9.2.1 生活Vlog的拍摄要点

以旅行Vlog为例[1]，介绍生活Vlog的拍摄要点，具体操作方法如下。

---

[1] 旅行Vlog是生活Vlog的内容类型之一，本章后续都将以旅行Vlog为例来进行内容讲解。

## 1．做好行程攻略

创作者在出行前应细致规划行程，制订每日行程规划，列出景点与活动安排，并预先浏览旅行攻略，搜集相关的图片或视频资料。这样，创作者到达目的地后便能迅速找到最佳的拍摄地点和角度，提高拍摄效率。

## 2．把握拍摄黄金时段

拍摄旅行Vlog的黄金时段，一般是在日出前后与日落前后各一小时之内。这两个时段太阳光线趋于柔和，天空的色彩展现出最为丰富的变化。无论是拍摄自然风光，还是拍摄人物活动，都能拍出比较好看的画面，拍摄质量较高。

## 3．规划 Vlog 的叙事框架与首尾设计

尽管旅行Vlog多采用即兴拍摄的方式，但前期规划故事线仍是提升Vlog质量的关键。初学者经常会陷入追求酷炫剪辑技巧的误区，而忽视了内容的传达与故事性的构建。一个缺乏灵魂的Vlog，即便视觉效果再华丽，也难以触动人心。因此，创作者应将更多精力用在策划Vlog的叙事内容，如旅行的感悟、途中邂逅的人与事，以及旅行的初衷与陪伴对象等，这些都能成为构建故事性的宝贵素材。

开场设计可以包括航拍壮丽景观、浓缩行程精华或营造故事氛围等多种形式，而结尾部分则可以采用以下3种设计策略。

（1）首尾呼应：如果开场采用故事感设计，结尾可以回归开场场景，使整段旅行经历形成闭环，增强叙事的连贯性。

（2）视觉告别：利用航拍、延时摄影或日落美景作为结尾，为这次旅行画上完美的句号。

（3）即兴交流：在旅途中，不仅要随时举起相机捕捉瞬间，更要与观众保持交流，分享所见所感，在行程的尾声不妨以一场深情的告别作为对这次旅行的总结与致敬。

👤 **素养小课堂**

在视频剪辑的过程中，过度追求酷炫的视觉效果而忽视内容与形式的统一，往往会导致Vlog华而不实，缺乏深度和内涵，也会让观众感到困惑和不适。在生活和工作中也是如此，我们要注重实效，实事求是，这有助于形成科学、严谨、务实的思维方式和行为习惯。

## 4．策划视频转场

策划视频转场是提升Vlog质量的重要环节，它要求创作者在前期进行细致的规划。通过预设部分转场设计，不仅能够增强视频内容的连贯性和观赏性，还能让观众感受到创作者的用心，具体操作方法如下。

（1）设计相似动作转场：预先构思并设计一系列相似动作，如奔跑、碰杯等，这些动作可以在视频的高潮部分叠加使用，形成视觉上的亮点和冲击力。此类转场的设计难度不高，但效果显著，能够有效提升视频内容的整体节奏感。

（2）运用遮罩转场：掌握无缝遮罩转场技巧，并根据旅行目的地的特点规划转场场景。确定需要转场的两个场景，并规划好转场的时机和方式。无论是山林间的树干、城市中的车辆与行人，还是特定的道具，均可作为转场素材。若要自定义遮罩形状，可以拍摄一张与视频分辨率相匹配的遮罩素材图，并确保其背景为纯色，以便于后期抠图处理。

### 5．轻量化装备

在旅行Vlog中，轻量化装备的选择至关重要。这不仅能够减轻旅行的负担，提升旅行的舒适度，还能有效提高拍摄效率。建议携带少量但实用的镜头组合，如一支广角到中长焦的变焦镜头（如24mm～135mm）和一支定焦镜头（如50mm），以满足大部分拍摄需求。其中，定焦镜头可以搭配稳定器使用，以实现更流畅的跟随、遮罩及镜头移动效果。

## 9.2.2　拍摄乌江寨旅行Vlog

下面将介绍本章案例乌江寨旅行Vlog视频素材的拍摄方法，拍摄的内容主要有自然风光、民俗表演、特色美食、特色建筑以及人像等。

### 1．拍摄自然风光

乌江寨的山水宁静，宛如水墨画。创作者可以利用无人机从高空俯拍，展现整个村寨的全貌，以及乌江水蜿蜒穿寨而过的壮丽景象，还可以利用相机的广角镜头或无人机低空飞行，展现细节之美，如图9-1所示。

图9-1　拍摄自然风光

### 2．拍摄民俗表演

乌江寨有丰富的民俗表演，如独竹漂、杂技、戏曲等，这些都是不可错过的拍摄内容。创作者可以近距离拍摄表演者的动作和表情，同时捕捉观众的反应，或者利用无人机低空飞行进行平拍或俯拍全景，如图9-2所示。

图9-2　拍摄民俗表演

### 3．拍摄特色美食

乌江寨的美食也是一大特色，创作者可以拍摄当地的特色小吃、用餐环境，以及人们品尝美食的场景。在拍摄过程中，可以使用相机的大光圈虚化背景，突出美食；还可以选择不同的角度拍摄美食，如俯拍、侧拍等，展示美食的色泽和形状，如图9-3所示。

图9-3　拍摄特色美食

## 4.拍摄特色建筑

　　乌江寨的传统民居、吊脚楼、风雨桥都是具有独特风格的建筑。创作者可以利用相机的广角镜头和无人机拍摄建筑的全貌，使用中长焦镜头从不同角度拍摄建筑的外观、屋顶、门窗等细节，展示其建筑工艺和文化内涵，如图9-4所示。

图9-4　拍摄特色建筑

## 5.拍摄人像

　　拍摄人像即拍摄Vlog中的主人公时，首先选择合适的场景或背景，然后确定拍摄方式。可以采用不同的运镜方式进行拍摄，也可以选择多景别拍摄，以丰富视频素材，还可以为人物设计一些动作，如行走、环顾、仰望、转身回眸、坐下休息、与景物互动等。

　　在本案例中，主要采用跟随运镜、环绕运镜、推拉运镜和平移运镜进行拍摄，拍摄内容有人物在景区的不同位置行走、人物拿着相机拍照、人物走进/走出建筑、人物用手抚摸墙壁等，如图9-5所示。

图9-5　拍摄人像

# 9.3 使用Premiere剪辑乌江寨旅行Vlog

下面使用Premiere Pro 2023剪辑乌江寨旅行Vlog，包括粗剪短视频、精剪视频剪辑、制作转场效果、视频调色、添加字幕与制作片头。

效果视频

使用Premiere
剪辑乌江寨旅
行Vlog

操作视频

粗剪短视频

## 9.3.1 粗剪短视频

对短视频进行粗剪，包括为拍摄的视频素材创建代理以提高剪辑流畅度，添加背景音乐与旁白音频，并根据音频对视频素材进行修剪、调速等，具体操作方法如下。

（1）新建"旅行Vlog.prproj"项目文件，打开"素材文件\第9章\旅行Vlog"文件夹，将其中的素材文件导入"项目"面板，并对素材文件进行整理，如图9-6所示。

（2）选中所有视频素材并单击鼠标右键，在弹出的快捷菜单中选择"代理"|"创建代理"命令，如图9-7所示。

图9-6 导入与整理素材文件

图9-7 选择"创建代理"命令

（3）弹出"创建代理"对话框，设置"格式"为H.264，在"预设"下拉列表框中选择视频质量，然后选择文件存放位置，如图9-8所示，单击"确定"按钮。

（4）开始创建代理作业并启动Adobe Media Encoder 2023程序（系统中需先安装此程序），开始对视频素材进行转码处理，如图9-9所示，生成名称中带有"_Proxy"的文件副本。

图9-8 "创建代理"对话框

图9-9 开始转码处理

（5）视频素材转码完成后，在目标位置查看生成的代理文件，如图9-10所示，这些文件会自动关联到项目中的剪辑。

（6）在"源"面板下方单击"按钮编辑器"按钮，在弹出的面板中将"切换代理"按钮拖至下方的按钮列表中，如图9-11所示，然后单击"确定"按钮。

图9-10　查看生成的代理文件

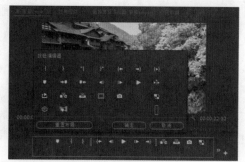

图9-11　添加"切换代理"按钮

（7）在"源"面板下方单击"切换代理"按钮■将其激活，如图9-12所示，即可启用代理。再次单击"切换代理"按钮■，可以切换为完整分辨率，也可在"节目"面板中设置是否切换代理。

（8）在菜单栏中单击"编辑"|"首选项"|"媒体"命令，在弹出的对话框中设置"默认媒体缩放"为"设置为帧大小"，如图9-13所示，单击"确定"按钮。

图9-12　单击"切换代理"按钮

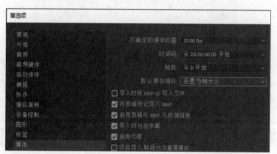

图9-13　设置"默认媒体缩放"为"设置为帧大小"

（9）创建新的序列（步骤参见6.2.3节），然后在"新建序列"对话框中自定义序列设置，设置"时基""帧大小"等参数（见图9-14），输入名称"旅行Vlog"，然后单击"确定"按钮。

（10）在"源"面板中打开"音乐1"音频素材，在00:00:01:08位置标记入点，在00:00:12:15位置标记出点（见图9-15），然后拖动"仅拖动音频"按钮■到序列的A1轨道上。

图9-14　"新建序列"对话框

图9-15　标记入点和出点

（11）将旁白音频添加到A2轨道中，如图9-16所示。

（12）用鼠标右键单击"音乐1"音频剪辑，在弹出的快捷菜单中选择"音频增益"命令，接着在弹出的"音频增益"对话框中选中"调整增益值"单选按钮，设置增益值为-5 dB，如图9-17所示，然后单击"确定"按钮。

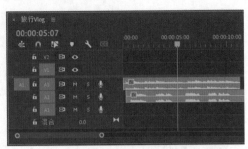

图9-16　添加旁白音频

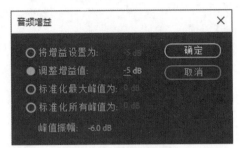

图9-17　设置音频增益

（13）在"源"面板中打开"游船1"视频素材，标记入点和出点（见图9-18），拖动"仅拖动视频"按钮　到序列的V1轨道上。

（14）在序列中选中"游船1"视频剪辑，在"效果控件"面板中设置"缩放"参数为40.0，如图9-19所示，去掉视频画面上下的黑边。

图9-18　标记入点和出点

图9-19　设置"缩放"参数

（15）采用同样的方法，在序列中依次添加"游船2""游船3""游船4""人物1""人物2"等视频剪辑，并根据需要调整视频剪辑的画面构图。用鼠标右键单击"游船1"视频剪辑中的　图标，在弹出的快捷菜单中选择"时间重映射"|"速度"命令，如图9-20所示。

（16）按住【Ctrl】键的同时在速度控制柄上单击添加速度关键帧，然后对关键帧左右两侧的速度进行调整并拆分关键帧，使速度先快后慢。采用同样的方法，对"游船2"视频剪辑进行变速调整，如图9-21所示。

图9-20　选择"速度"命令

图9-21　对"游船2"视频剪辑进行变速调整

（17）继续对其他视频剪辑进行变速处理，根据"音乐1"音频剪辑和旁白音频对添加的6个视频剪辑进行变速调整并修剪视频剪辑的长度，如图9-22所示。

（18）在"源"面板中打开"音乐2"音频素材，在00:00:28:21位置标记入点，如图9-23所示，在00:01:31:05位置标记出点。拖动"仅拖动音频"按钮 ，将其添加到A1轨道上，并与"音乐1"音频剪辑组接。

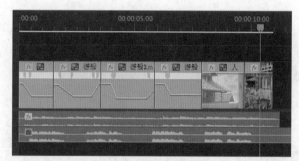

图9-22　调整视频剪辑

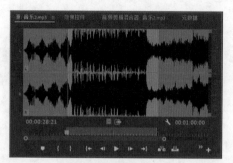

图9-23　标记入点

（19）用鼠标右键单击"音乐2"音频剪辑，在弹出的快捷菜单中选择"音频增益"命令，然后在弹出的"音频增益"对话框中选中"将增益设置为"单选按钮，设置增益值为－17dB，如图9-24所示，然后单击"确定"按钮。

（20）在AI轨道上的两段音频剪辑之间添加"恒定功率"音频过渡效果，如图9-25所示，根据需要调整过渡持续时间和切入位置。

图9-24　设置音频增益

图9-25　添加"恒定功率"音频过渡效果

（21）将"游船5"视频剪辑添加到序列中，按【Ctrl+R】组合键打开"剪辑速度/持续时间"对话框，设置"速度"为300%，如图9-26所示，单击"确定"按钮。

（22）继续添加其他视频剪辑，根据音乐剪辑和旁白音频对添加的视频剪辑进行修剪和调速，然后根据需要对旁白音频进行分割，并调整旁白音频的位置，如图9-27所示，即可完成短视频的粗剪。

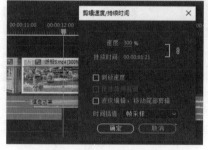

图9-26　设置"速度"为300%

图9-27　分割旁白音频并调整位置

（23）播放短视频，在"节目"面板中预览短视频粗剪效果，图9-28所示为部分画面效果。

图9-28　部分画面效果

---

💡 **小技巧**

在"剪辑速度/持续时间"对话框中调整速度后，在"时间插值"下拉列表框中选择"帧混合"选项，然后单击"确定"按钮，可以使变速的画面运动，从而产生运动模糊效果。

## 9.3.2　精剪视频剪辑

操作视频

精剪视频
剪辑

对视频剪辑进行精剪，包括添加动画、稳定视频画面、调整变速、编辑音频等操作，具体操作方法如下。

（1）在00:01:05:25位置分割音频，并删除右侧的音频，如图9-29所示。

（2）在波形编辑工具组中选择"重新混合工具"，拖动"音乐2"音频剪辑的右边缘到目标位置，如图9-30所示。

图9-29　分割与删除音频

图9-30　使用"重新混合工具"调整音频剪辑长度

（3）松开鼠标左键，即可将"音乐2"音频剪辑重新混合为目标持续时间（通常会有1秒左右的误差），如图9-31所示。

（4）在"音乐2"音频剪辑中找到音乐的编辑位置，在剪辑上会显示为一条垂直的"之"字形线条，播放音乐即可收听音乐混合效果，如图9-32所示。

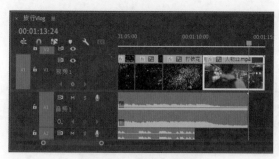

图9-31　重新混合音乐

图9-32　收听音乐混合效果

（5）在最后一个视频剪辑的不透明度控制柄上添加两个不透明度关键帧，向下拖动第2个不透明度关键帧制作视频曝光降低效果。在音乐的最后添加两个音量关键帧，并向下拖动第2个音量关键帧制作音乐淡出效果，如图9-33所示。此时，已经完成短视频结尾的制作。

（6）播放短视频，对视频剪辑的编辑点进行精确修剪。根据音乐的节奏对视频剪辑的变速效果进行细致调整，使其符合音乐节奏变化。图9-34所示为对3个"风光"视频剪辑的变速效果进行细致调整。

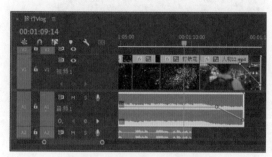

图9-33　制作音乐淡出效果

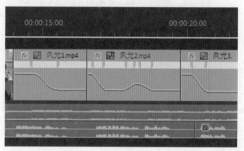

图9-34　对3个"风光"视频剪辑的变速效果进行细致调整

（7）在序列中选中"游船5"视频剪辑，在"效果控件"面板中选中"运动"效果，在"节目"面板中将锚点位置移至画面右侧的合适位置，如图9-35所示。

（8）在"效果控件"面板中启用"缩放"动画，添加两个关键帧，设置"缩放"参数分别为40.0、55.0，第2个关键帧的"缩放"参数如图9-36所示。

图9-35　移动锚点位置

图9-36　第2个关键帧的"缩放"参数

（9）在序列中选中"人物3"视频剪辑，为该视频剪辑添加"变形稳定器"效果，在"效果控件"面板中设置相关参数，在"结果"下拉列表框中选择"不运动"选项，在"方法"下拉列表框中选择"位置"选项，如图9-37所示。

（10）在"效果控件"面板中选择"运动"效果，在"节目"面板中将锚点位置移至人物头部上方，如图9-38所示。

图9-37 设置"变形稳定器"效果

图9-38 移动锚点位置

（11）在"效果控件"面板中启用"缩放"动画，添加两个关键帧，设置"缩放"参数分别为50.0、60.0，第2个关键帧的"缩放"参数如图9-39所示。

（12）添加音频轨道，然后将音效素材添加到相应的视频剪辑下方，如添加"打铁花"音效等，如图9-40所示。

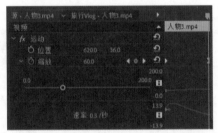

图9-39 第2个关键帧的"缩放"参数

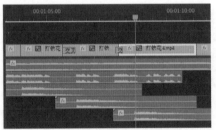

图9-40 添加音效

## 9.3.3 制作转场效果

下面介绍在短视频中制作多种转场效果，包括渐变擦除转场效果、水墨转场效果、无缝放大转场效果等。

操作视频

制作渐变擦除
转场效果

### 1. 制作渐变擦除转场效果

利用"线性擦除"效果制作渐变擦除转场效果，具体操作方法如下。

（1）将"游船1"视频剪辑移至V2轨道中，并向右调整其出点位置，如图9-41所示，使其用于转场的部分与"游船2"视频剪辑相叠加。

（2）为"游船1"视频剪辑创建嵌套序列，然后将其用于转场的部分进行分割，如图9-42所示。

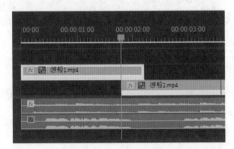

图9-41 调整"游船1"视频剪辑出点位置

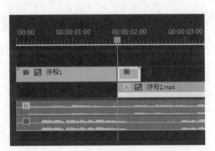

图9-42 分割"游船1"视频剪辑

（3）为转场部分添加"线性擦除"效果，设置"擦除角度"参数为220.0°，启用"过渡完成"动画，添加两个关键帧，设置"过渡完成"参数分别为0%、100%，设置"羽化"参数为2000.0，如图9-43所示。

（4）在"节目"面板中预览渐变擦除转场效果，如图9-44所示。

图9-43　设置"线性擦除"效果

图9-44　预览渐变擦除转场效果

## 2. 制作水墨转场效果

操作视频

制作水墨
转场效果

利用"轨道遮罩键"效果和水墨素材制作水墨转场效果，具体操作方法如下。

（1）将"游船3"视频剪辑移至V2轨道中，将"游船2"视频剪辑的出点向右调整，如图9-45所示，使其转场部分与"游船3"视频剪辑相叠加。

（2）在"源"面板中打开"水墨1"素材，在00:00:00:07位置标记入点，如图9-46所示，在00:00:01:07位置标记出点。

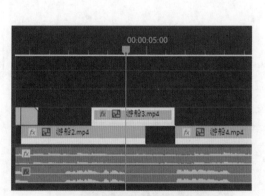

图9-45　调整视频剪辑转场部分

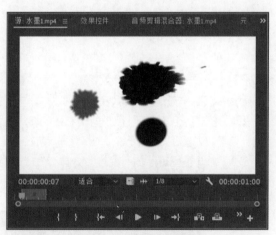

图9-46　标记入点和出点

（3）将"水墨1"素材添加到V3轨道中，并将其左端与"游船3"视频剪辑的左端对齐，如图9-47所示。

（4）在"效果控件"面板中启用"缩放"动画，添加两个关键帧，设置"缩放"参数分别为50.0、80.0；启用"不透明度"动画，添加两个关键帧，设置"不透明度"参数分别为100.0%、0.0%，如图9-48所示，制作水墨素材缩小并消失的动画效果。

（5）为"游船3"视频剪辑添加"轨道遮罩键"效果，设置"遮罩"为"水墨1"素材所在的"视频3"轨道，设置"合成方式"为"亮度遮罩"，并选中"反向"复选框，如图9-49所示。

（6）在"节目"面板中预览水墨转场效果，如图9-50所示。

图9-47　添加"水墨1"素材并对齐

图9-48　设置"缩放"和"不透明度"动画

图9-49　添加并设置"轨道遮罩键"效果

图9-50　预览水墨转场效果

> **💡 小技巧**
>
> 　　利用特效素材除了可以结合"轨道遮罩键"效果制作转场效果，还可以结合"混合模式"制作转场特效，方法为：将炫光、光晕、胶片灼烧等特效素材叠加到视频剪辑的转场位置，然后将这些特效素材的混合模式更改为"滤色"即可。

### 3. 制作无缝放大转场效果

操作视频

制作无缝放大
转场效果

　　为短视频制作无缝放大转场效果，具体操作方法如下。

　　（1）在"民俗表演2"视频剪辑右端的转场位置上方添加调整图层，并对调整图层进行修剪，如图9-51所示。

　　（2）为调整图层添加"变换"效果，在"变换"效果中设置"缩放"参数为50.0，如图9-52所示。此时，画面缩小为原来的50%。

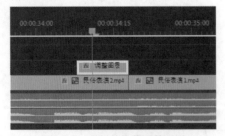

图9-51　添加并修剪调整图层

图9-52　设置"缩放"参数

　　（3）为调整图层添加"镜像"效果，设置"反射角度"参数为90.0°，调整"反射中心"属性中的纵坐标为810.0，如图9-53所示，使画面以下边为对称轴在垂直方向上进行镜像。

　　（4）在"节目"面板中预览此时的画面效果，如图9-54所示。

图9-53 添加并设置"镜像"效果（一）　　　　图9-54 预览画面效果（一）

（5）为调整图层添加第2个"镜像"效果，设置"反射角度"参数为－90.0°，调整"反射中心"属性中的纵坐标为270.0，如图9-55所示，使画面以上边为对称轴在垂直方向上进行镜像。

（6）在"节目"面板中预览此时的画面效果，如图9-56所示。

图9-55 添加并设置"镜像"效果（二）　　　　图9-56 预览画面效果（二）

（7）为调整图层添加第3个"镜像"效果，设置"反射角度"参数为0.0°，调整"反射中心"属性中的横坐标为1440.0，如图9-57所示，使画面以右边为对称轴在水平方向上进行镜像。

（8）在"节目"面板中预览此时的画面效果，如图9-58所示。

图9-57 添加并设置"镜像"效果（三）　　　　图9-58 预览画面效果（三）

（9）为调整图层添加第4个"镜像"效果，设置"反射角度"参数为－180.0°，调整"反射中心"属性中的横坐标为480.0，如图9-59所示，使画面以左边为对称轴在水平方向上进行镜像。

（10）在"节目"面板中预览此时的画面效果，如图9-60所示。

图9-59　添加并设置"镜像"效果（四）

图9-60　预览画面效果（四）

（11）在"效果控件"面板中选中"变换"效果和4个"镜像"效果，然后用鼠标右键单击选中的效果，在弹出的快捷菜单中选择"保存预设"命令，如图9-61所示。

（12）弹出"保存预设"对话框，输入名称"镜像拼贴"，如图9-62所示，然后单击"确定"按钮。

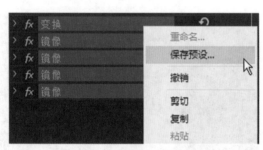

图9-61　选择"保存预设"命令

图9-62　"保存预设"对话框

（13）为调整图层添加"变换"效果，设置"缩放"参数为200.0，如图9-63所示。此时，即可将画面恢复至原始状态。

（14）在"变换"效果中设置"快门角度"为180.00，增加运动模糊；启用"缩放"动画，添加两个关键帧，设置"缩放"参数分别为200.0、400.0，然后调整动画贝塞尔曲线，如图9-64所示。

图9-63　设置"缩放"参数

图9-64　编辑"缩放"动画

（15）为调整图层添加"Alpha调整"效果，在效果中选中"忽略Alpha"复选框，如图9-65所示，将忽略Alpha通道以消除黑边。

（16）在"民俗表演1"视频剪辑的转场位置上方添加调整图层，如图9-66所示。

图9-65 设置"Alpha调整"效果

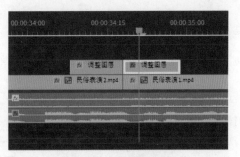

图9-66 添加调整图层

（17）在"效果"面板中展开"预设"选项，选择"镜像拼贴"效果，如图9-67所示。

（18）将"镜像拼贴"效果拖至调整图层上，添加该效果，如图9-68所示，此时在"效果控件"面板中即可看到添加的效果。

图9-67 选择"镜像拼贴"效果

图9-68 添加"镜像拼贴"效果

（19）在"节目"面板中预览此时的画面效果，如图9-69所示。

（20）为调整图层添加"变换"效果，启用"缩放"动画，添加两个关键帧，设置"缩放"参数分别为100.0、200.0，然后调整动画贝塞尔曲线，如图9-70所示。

图9-69 预览画面效果

图9-70 编辑"缩放"动画

（21）为调整图层添加"Alpha调整"效果，选中"忽略Alpha"复选框，如图9-71所示，将忽略Alpha通道以消除黑边。

（22）在"节目"面板中预览无缝放大转场效果，如图9-72所示。

图9-71 设置"Alpha调整"效果

图9-72 预览无缝放大转场效果

### 9.3.4 视频调色

对短视频进行调色，使各视频剪辑色彩统一，增强画面视觉效果，具体操作方法如下。

（1）在序列中选中"游船1"视频剪辑，打开"Lumetri颜色"面板，在"基本校正"选项中单击"自动"按钮，对视频剪辑进行智能颜色校正，如图9-73所示，然后根据需要对调整结果进行微调。

（2）展开"曲线"选项，在"RGB曲线"中调整白色曲线，如图9-74所示。

（3）在"效果控件"面板中选中"Lumetri颜色"效果，按【Ctrl+C】组合键复制该效果，如图9-75所示。

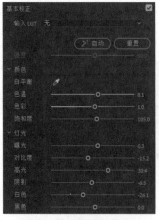

图9-73　智能颜色校正

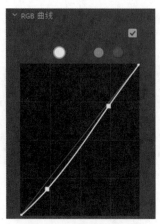

图9-74　调整白色曲线

图9-75　复制"Lumetri颜色"效果

（4）选中"游船1"视频剪辑的转场部分，按【Ctrl+V】组合键粘贴"Lumetri颜色"效果，如图9-76所示。

（5）在"节目"面板中预览调色效果，如图9-77所示。采用同样的方法，对"游船2"视频剪辑进行颜色校正。

图9-76　粘贴"Lumetri颜色"效果

图9-77　预览调色效果

（6）选中"游船3"视频剪辑，在"色轮和匹配"选项中单击"比较视图"按钮，如图9-78所示。

（7）在"节目"面板中将"参考"帧设置为前一个视频画面，然后在"色轮和匹配"选项中单击"应用匹配"按钮，即可自动调整色轮和滑块，以匹配参考帧的颜色，效果如图9-79所示。

（8）在V4轨道中添加调整图层，如图9-80所示，调整调整图层的长度，使其覆盖整个短视频。

（9）将阴影向绿色调整，降低阴影的亮度，将中间调向黄绿色调整，将高光向黄色调整，如图9-81所示。

图9-78 单击"比较视图"按钮 　　　　图9-79 应用匹配效果

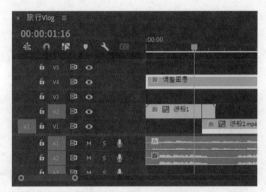

图9-80 添加调整图层 　　　　图9-81 调整色轮

## 9.3.5 添加字幕

操作视频

添加字幕

在短视频中添加旁白字幕，具体操作方法如下。

（1）使用文本工具添加第1句旁白文字，根据旁白音频对文本剪辑进行修剪，如图9-82所示。

（2）打开"基本图形"面板，设置文本的字体、字体大小、对齐方式、字距、外观等格式，然后在"样式"组中创建"旁白字幕"样式，如图9-83所示。

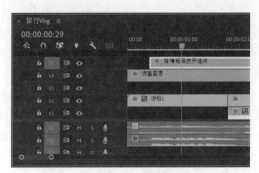

图9-82 修剪文本剪辑 　　　　图9-83 设置文本格式并创建"旁白字幕"样式

（3）在"对齐并变换"组中设置文本的对齐方式和"位置"参数，在"节目"面板中预览字幕效果，如图9-84所示。

（4）复制文本剪辑，并根据旁白音频修改文字，完成其他字幕的添加，如图9-85所示。

图9-84　预览字幕效果

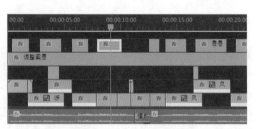

图9-85　添加其他字幕

（5）选中第1个文本剪辑，在"效果控件"面板的"矢量运动"效果中调整"位置"属性中的纵坐标参数，将文本稍微向上移动，然后选中"矢量运动"效果并按【Ctrl+C】组合键复制效果，如图9-86所示。

（6）双击文本剪辑，打开"文本"面板，在"图形"选项卡下选中要更改位置参数的其他文本剪辑，如图9-87所示。

（7）此时，在序列中可以看到其他文本剪辑已被选中，按【Ctrl+V】组合键粘贴"矢量运动"效果，如图9-88所示。

图9-86　复制"矢量运动"效果

图9-87　选中要更改位置参数的其他文本剪辑

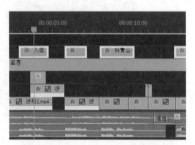

图9-88　粘贴"矢量运动"效果

## 9.3.6　制作片头

为短视频制作片头，具体操作方法如下。

（1）在序列中将播放指示器移至最左侧，在"源"面板中打开"人物11"视频素材，在00:00:01:10位置标记入点，在00:00:06:31位置标记出点，然后单击"插入"按钮，如图9-89所示。

（2）此时即可将"人物11"视频剪辑插入序列最左侧，根据需要对视频剪辑进行调色。选中"人物11"视频剪辑，按【/】键标记入点和出点，如图9-90所示。

图9-89　单击"插入"按钮

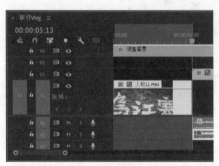

图9-90　标记入点和出点

（3）在"源"面板中打开"音乐2"音频剪辑，在00:01:25:11位置标记入点，然后单击"覆盖"按钮 ，如图9-91所示。

（4）此时即可在"人物11"视频剪辑下方添加音频剪辑，展开A1轨道，添加多个音量关键帧并调整各关键帧的音量，如图9-92所示，使音乐淡入淡出。

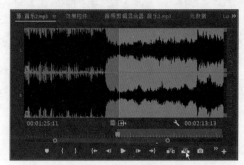

图9-91　单击"覆盖"按钮

图9-92　添加并编辑音量关键帧

（5）选中"人物11"视频剪辑，在"效果控件"面板中启用"缩放"动画，添加两个关键帧，设置"缩放"参数分别为80.0、50.0，然后调整动画贝塞尔曲线，如图9-93所示。

（6）展开V1轨道，在不透明度控制柄上添加"不透明度"关键帧，编辑"不透明度"动画，如图9-94所示，制作"人物11"视频剪辑渐显渐隐的效果。

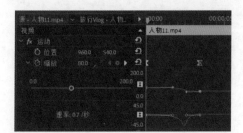

图9-93　编辑"缩放"动画

图9-94　编辑"不透明度"动画

# 课堂实训：使用Premiere剪辑布罗莫火山旅行Vlog

## 1. 实训背景

人们对于旅游产品的需求呈现出个性化和多元化的特点。他们希望获得更加真实、深入的旅游体验，而旅行Vlog正好满足了这一需求。通过旅行Vlog，人们可以更加直观地了解旅游产品的真实情况，从而做出更加明智的选择。社交媒体的发展也使得人们更加注重分享和交流。旅行Vlog成为人们分享旅行经历、展示个人魅力的重要方式。通过分享旅行Vlog，人们可以获得更多的关注和认同，满足社交需求。

操作视频

使用Premiere
剪辑布罗莫
火山旅行Vlog
（1）

操作视频

使用Premiere
剪辑布罗莫
火山旅行Vlog
（2）

效果视频

使用Premiere
剪辑布罗莫火
山旅行Vlog

## 2. 实训要求

打开"素材文件\第9章\课堂实训"文件夹，使用Premiere Pro 2023剪辑一条布罗莫火山旅行Vlog，效果如图9-95所示。

图9-95　布罗莫火山旅行Vlog

## 3. 实训思路

（1）创建序列

新建剪辑项目，导入视频素材和音频素材，创建帧大小为1920像素×1080像素、帧率为30帧/秒的序列。

（2）粗剪短视频

将视频素材和音频素材添加到序列，根据背景音乐的节奏和旁白音频对视频素材进行修剪，根据需要调整视频剪辑的速度，为视频剪辑添加运动动画效果。

（3）制作转场效果与添加音效

利用特效素材制作转场效果，利用"镜像拼贴"预设制作多种无缝转场效果，在合适的位置添加氛围音效和转场音效。

（4）视频调色

对视频剪辑进行颜色校正，然后进行风格化调色，统一画面视觉效果。

（5）编辑音频与字幕

根据需要对背景音乐、旁白音频和音效的音量进行调整，然后为旁白音频添加字幕并设置字幕格式。

# 课后练习

1. 简述生活Vlog的创作要点。

2. 打开"素材文件\第9章\课后练习"文件夹，使用Premiere Pro 2023剪辑一条川西旅行Vlog，如图9-96所示。

图9-96　川西旅行Vlog

# 第 10 章

# 文旅宣传片创作

## 学习目标

➢ 掌握文旅宣传片内容策划与创作要点。

➢ 掌握文旅宣传片的拍摄要点。

➢ 掌握使用Premiere剪辑文旅宣传片的方法。

## 本章概述

　　文旅宣传片是地域文化的精彩缩影与旅游魅力的直观展现，它以高清的镜头捕捉自然风光、历史遗迹和民俗风情，通过精彩的视觉效果吸引游客，增强当地人民对地域文化的认同感和自豪感。本章将详细介绍如何创作文旅宣传片，通过短视频精心编织文旅故事，促进旅游经济发展。

## 本章关键词

　　音频过渡　　动画效果　　基本声音　　创意调色
　　摇镜转场　　文本动画

# 10.1 文旅宣传片内容策划与创作要点

要想创作出一部具有吸引力的文旅宣传片（也称文旅宣传短视频），展现当地的独特魅力、文化底蕴、自然风光及旅游体验，创作者需要精心地进行策划与执行。

## 10.1.1 文旅宣传片内容策划

下面从内容主题和内容表现形式两个方面介绍文旅宣传片内容策划的方法。

### 1. 内容主题

文旅宣传片的内容选择主要包括以下几个方面，以全面、生动地展现当地的独特魅力和吸引力。

（1）自然风光与人文景观

这是文旅宣传片中最直观也最具吸引力的部分之一。通过高清摄像和创意拍摄手法，展示当地的山川湖海、四季变换、独特地貌等自然景观，以及城市风光、历史建筑、现代地标等人文景观，让观众仿佛身临其境。

（2）历史文化底蕴

创作者通过深入挖掘和讲述当地的历史故事、文化传承、民俗风情等，展示文化遗产、博物馆、古迹遗址等，能够体现当地的文化价值和历史深度。这不仅能够吸引对历史文化感兴趣的观众，也能增强观众的文化认同感。

（3）特色活动与体验

介绍当地的节庆活动、民俗表演、传统手工艺、特色美食等，展示观众可以参与的互动体验项目等。这些独特的活动和体验是吸引观众的重要因素，能够让其感受到当地的独特魅力和生活气息。

（4）现代生活与设施

对于城市旅游或度假胜地，展示其现代化的生活设施、购物中心、娱乐场所、酒店度假村等，体现城市的便利性和舒适度，这有助于吸引追求高品质生活的观众。

（5）人物故事与情感共鸣

创作者通过讲述当地人的故事，展现他们的生活方式、价值观和对家乡的热爱，能够激发观众的情感共鸣。真实的人物故事往往能触动人心，增强宣传片的感染力和说服力。

（6）旅游线路与推荐

设计并介绍几条经典的旅游线路，涵盖主要景点和特色体验，方便观众进行选择。根据观众的不同需求和兴趣推荐一些独特的旅游项目和景点，增加旅游的多样性和趣味性。

### 2. 内容表现形式

文旅宣传片的内容表现形式多种多样，创作者在创作时需要根据宣传主题、目标观众、预算等因素选择合适的形式，有时也可将几种形式混合运用，以达到更好的宣传效果。

（1）纪实风格

创作者可以通过真实记录、镜头采集的方式，展现当地的自然风光、人文景观、民俗风情等。这种形式能够让观众感受到当地的真实面貌，增强信任感和亲近感。

（2）故事情节式

将文旅元素融入一个生动有趣的故事，通过人物的经历和视角间接展示当地的独特魅力。这种方式需要精心设计情节、选择合适的演员，引导观众随着故事情节的展开，逐步深入了解当地的各个方面。

（3）微电影风格

借鉴微电影的制作手法，围绕一个主题构建完整的剧情，将文旅内容自然融入。这种形式制作成本较高，但艺术性和感染力都很强。通过高质量的叙事和视觉呈现，能够给观众留下深刻的印象，进而提升当地的品牌形象。

（4）人物访谈式

聚焦于当地的一些有代表性的人物，通过描述他们的生活方式、事迹经历等，间接展现当地的人文风情。这种形式能够增加文旅宣传片的温度和真实感，通过人物的真实故事和感受拉近与观众的距离，增强情感共鸣。

（5）导游解说式

邀请解说员、导游或当地人为文旅宣传片解说，向观众深入讲解景点背后的历史文化渊源，帮助观众更好地理解当地的文化内涵和历史背景。这种形式权威性强，但需要保持节奏感。

（6）多重视角呈现

通过游客视角、当地居民视角、导游解说视角等多重视角，全方位、多层次地展现当地的独特魅力。这种形式提供多元化的视角和体验，让观众更加全面地了解当地的各个方面。

（7）视听元素融合

将当地独特的视听元素融入文旅宣传片，如特色音乐、舞蹈、建筑、服饰等，彰显地域文化个性。这种形式通过丰富的视听元素，能够增强文旅宣传片的感染力和吸引力，使观众更加深入地感受当地的文化氛围。

## 10.1.2　文旅宣传片创作要点

文旅宣传片的创作需要充分考虑策划、拍摄、指导、后期制作和发布推广等各个阶段。通过精心制作和推广，可以有效地提升文旅资源的知名度和吸引力，吸引更多的人们前来体验。

### 1. 策划阶段

（1）明确宣传目的：确定文旅宣传片的主要目的，是推广特定的旅游景点、文化遗产，还是推广整个地区的文旅资源。

（2）观众分析：了解目标观众的喜好和需求，以便量身定制相应的内容，使文旅宣传片更具吸引力。

（3）创意构思：构思新颖、独特的创意方案，巧妙融合文旅资源的独特性与地域文化元素。

### 2. 拍摄阶段

（1）选址与场景设计：选择标志性的拍摄地点，设计符合文旅主题的场景。

（2）设备准备：配备高质量的拍摄设备，如高清摄像机、稳定器、专业灯光及录音设备等。

（3）人员组织：组建专业的拍摄团队，包括摄影师、导演、演员和后期制作人员等。

### 3. 指导阶段

（1）捕捉特色：精准捕捉自然风光、历史遗迹、民俗风情等核心元素，展现地方特色。

（2）叙事手法：运用引人入胜的叙事手法构建故事线，引领观众深入探索当地的独特魅力。

（3）情感共鸣：在宣传片中注入情感元素，激发观众产生情感共鸣，增加他们对当地的向往和兴趣。

### 4. 后期制作阶段

（1）视频剪辑：精心挑选和剪辑拍摄的素材，确保画面流畅、节奏紧凑。

（2）音效与配乐：精选音效与配乐，与画面完美融合，提升整体观赏体验。

（3）字幕与特效：适时添加字幕、特效，增强视觉冲击力，使宣传片更具吸引力。

### 5. 发布推广阶段

（1）选择合适的发布渠道：根据目标观众，选择合适的渠道进行发布，如电视台、网络平台等。

（2）社交媒体营销：利用社交媒体平台进行推广，吸引更多潜在观众关注。

（3）合作与联动：与当地旅游机构、旅行社等建立合作关系，形成宣传合力，拓宽传播范围。

## 10.2  拍摄文旅宣传片的视频素材

文旅宣传片的拍摄手法多样，以全方位、多角度地展现目的地的自然风光、人文风情及旅游体验。下面将介绍如何拍摄文旅宣传片的视频素材。

### 10.2.1  文旅宣传片的拍摄要点

在拍摄文旅宣传片时，可以从拍摄景观、拍摄人文风情和创意呈现手法3个方面入手，拍摄要点如下。

### 1. 拍摄景观

（1）航拍：利用无人机技术，从空中俯瞰拍摄地点，捕捉壮阔的自然景观和建筑风貌。无人机可以提供独特的视角，使观众能够全面了解拍摄地点的规模和特色。

（2）延时摄影：通过长时间曝光和间隔拍摄，将拍摄地点在不同时间段的变化压缩成几秒或几分钟的视频，展现出拍摄地点随时间变幻的魅力。

（3）多角度拍摄：采用多种拍摄角度和高度，如低角度、高角度、仰拍、俯拍等，以呈现多样化的视觉效果。通过变换角度，可以突出拍摄地点的不同特色和细节。

（4）光影运用：合理利用自然光和人工光源，营造出温馨、浪漫或神秘的氛围。光影的变化可以增加画面的层次感和立体感，使观众看到更加真实的场景。

### 2. 拍摄人文风情

（1）拍摄人物互动：拍摄游客或当地居民的互动场景，如游玩、购物、品尝美食等。通过捕捉人物的动作、表情和情绪，展现当地的生活方式和人文魅力。

（2）拍摄采访镜头：通过分享游客或当地居民的感受和看法，增加代入感和真实性。他们的亲身体验和反馈能够为观众提供更有价值的旅游指导。

（3）拍摄民俗活动：记录当地的民俗活动、节庆仪式、传统手工艺等，展现独特的人文风情。这些活动不仅能够展示当地的文化传统，还能增加宣传片的趣味性和吸引力。

### 3. 创意呈现手法

（1）拟人化手法：赋予无生命的物品或自然景观以人格特征，让它们"能说会道"。例如，让一座山峰"皱眉"表达威严,让一条河流"欢笑"展现活力。在展现森林生态时,可以让树木、花草等自然元素也参与"表演",与拟人化的动物角色共同演绎一段生动的生态故事。

(2)悬念与反转:通过制造悬念和反转来吸引观众的好奇心,引导他们观看。这种手法能够保持观众的紧张感和期待感,提升宣传片的吸引力。

(3)故事化叙述:围绕一个中心主题或人物设计一系列相关的场景和情节,通过故事的推进展现当地文化的独特魅力。故事化叙述能够使文旅宣传片更加生动有趣,更容易让观众产生共鸣。

## 10.2.2 拍摄齐齐哈尔文旅宣传片

本案例的拍摄运用航拍与地面拍摄结合的拍摄方法,以创造出丰富多样的视觉效果,提升文旅宣传片的吸引力和表现力。

### 1. 航拍

无人机航拍能够突破地平线的束缚,为观众提供前所未有的高空视角。无人机可以轻松攀升至百米乃至千米以上的高度俯瞰大地,捕捉壮观的全景画面、独特的地形地貌、城市天际线的线条,以及自然景观的宏观格局。这种鸟瞰视角带来的强烈视觉冲击力和透视效果,是地面相机拍摄难以企及的。本案例的航拍镜头主要包括城市的全景、建筑物的全景、旅游景区的全景等,如图10-1所示。

图10-1 航拍镜头

在运用无人机航拍时,创作者需要注意以下几点。

(1)确定飞行高度和角度

根据拍摄场地和目标受众的不同,选择合适的飞行高度和角度。例如,在城市中拍摄时,可以选择较高的飞行高度以展现城市的全貌,同时利用建筑物的轮廓和布局创造出独特的视觉效果。在拍摄过程中,要注意避免飞行高度过低导致的建筑物遮挡问题,以及高度过高时可能出现的画面模糊和细节丢失问题。

（2）注意光线和阴影

光线和阴影对航拍画面的质量至关重要。在拍摄前，要观察并预测光线的方向和强度，以及阴影的位置和形状。选择合适的时间进行拍摄，如清晨或傍晚的黄金时刻，可以捕捉到柔和而富有层次的光线效果。

（3）保持稳定和清晰

使用无人机的稳定系统（如全球定位系统、避障系统等）确保飞行稳定。调整相机的焦距和光圈，以适应不同的拍摄距离和光线条件。

（4）合理运用无人机功能

无人机具有灵活、机动的特点，可以轻松地穿越复杂地形和狭小空间。根据拍摄需求，合理运用无人机的悬停、旋转、俯冲等功能，以获取多样化的拍摄效果。

## 2．地面拍摄

地面拍摄一般用来展现地面视角的沉浸式观察与细腻刻画，创作者身处地面场景中，与被摄主体保持更为亲近的距离，能够直观感受到光线、色彩、质感等细微变化，捕捉人物表情、微小细节、环境氛围等富有情感温度的元素。本例的地面拍摄镜头主要包括人物的动作、丹顶鹤近景、建筑物内部的布置、雕塑的近景等，如图10-2所示。

图10-2　地面拍摄镜头

在进行地面拍摄时，创作者需要注意以下几点。

（1）捕捉细节和情感

捕捉人物表情、细微动作和具体物品的细节，这些细节是讲述故事和传递情感的关键。使用近景和特写镜头，突出被摄主体的特征和情感表达。

（2）构图与取景

通过合理的构图和取景，构建出具有层次感和空间感的场景。利用光影效果、色彩搭配等手法，营造出独特的氛围和情感基调。

（3）运动镜头的运用

采用移镜头、跟镜头等拍摄技巧，增强画面的动态感和视觉冲击力。

（4）结合城市特色

地面拍摄要紧密结合城市的特色和风貌，如历史建筑、文化景观、民俗风情等。展现这些特色元素，让观众更深入地了解城市的历史和文化底蕴。

**👤 素养小课堂**

文旅融合是推进国家经济发展和社会进步的重要战略规划。在这样的时代背景下，我们要积极参与，深度挖掘地方文化特色，巧妙运用短视频的传播优势，以创新视角和丰富内容赋能地方文旅经济，促进文化传承与旅游发展的深度融合。在这一过程中，我们可以发现地域文化特色，增强地域文化自信。

# 10.3　使用Premiere剪辑齐齐哈尔文旅宣传片

下面使用Premiere Pro 2023对齐齐哈尔文旅宣传片进行剪辑，包括剪辑视频素材、编辑音频、视频调色、添加转场和添加字幕等。

效果视频

使用Premiere
剪辑齐齐哈尔
文旅宣传片

## 10.3.1　剪辑视频素材

本案例总体上按照开篇引入、主体展示、高潮构建、结尾总结的思路进行剪辑。在剪辑时为各个部分搭配不同风格的背景音乐，并根据背景音乐的节奏和旁白音频修剪视频。

（1）新建"齐齐哈尔.prproj"项目文件，打开"素材文件\第10章\齐齐哈尔"文件夹，将其中的素材文件导入"项目"面板，如图10-3所示，对素材进行整理。

（2）新建"齐齐哈尔"序列，设置帧大小为1920像素×1080像素、帧率为30帧/秒。在"源"面板中打开"航拍城市1"视频素材，标记入点和出点，如图10-4所示，拖动"仅拖动视频"按钮■到序列中。

操作视频　　　　操作视频

剪辑视频素材　　剪辑视频素材
（1）　　　　　（2）

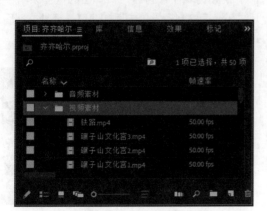

图10-3　导入素材

图10-4　标记入点和出点

（3）在弹出的对话框中单击"保持现有设置"按钮，根据剪辑思路依次添加"开篇引入"部分的其他视频剪辑，如图10-5所示。在添加视频剪辑时，如果需要用到一个视频素材的不同部分，则为相应的部分创建子剪辑。

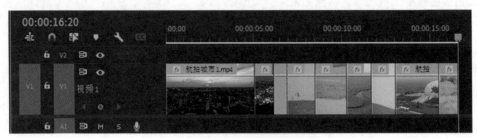

图10-5　添加视频剪辑

（4）将"旁白"音频添加到A1轨道中，将"音乐1"音频添加到A2轨道中。将播放指示器移至音乐节拍点00:00:02:26位置，按【R】键调用比率拉伸工具，使用该工具将"航拍城市1"视频剪辑的右侧边缘拖至播放指示器位置，如图10-6所示。

（5）选中"人物1"视频剪辑，按【Ctrl+R】组合键打开"剪辑速度/持续时间"对话框，设置"速度"为80%，如图10-7所示，然后单击"确定"按钮。

图10-6　使用比率拉伸工具调整视频剪辑

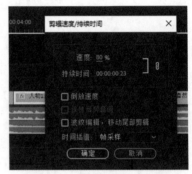

图10-7　设置"速度"为80%

（6）在序列中选中"航拍扎龙自然保护区1"视频剪辑，在"效果控件"面板中设置"位置"和"缩放"参数，如图10-8所示，调整画面构图。

（7）用鼠标右键单击"航拍扎龙自然保护区1"视频剪辑中 fx 图标，在弹出的快捷菜单中选择"时间重映射"|"速度"命令。按住【Ctrl】键的同时在速度控制柄上单击添加速度关键帧，然后对关键帧左右两侧的速度进行调整，使速度先慢后快，如图10-9所示。

图10-8　设置"位置"和"缩放"参数

图10-9　使用时间重映射调整速度

（8）按【Ctrl+R】组合键打开"剪辑速度/持续时间"对话框，选中"倒放速度"复选框设置剪辑倒放，如图10-10所示，然后单击"确定"按钮。

（9）采用同样的方法，调整其他视频剪辑的速度，或者使用时间重映射功能对视频剪辑进行变速调整。选中"航拍扎龙自然保护区2"视频剪辑，在"效果控件"面板中设置"位置"和"缩放"参数，如图10-11所示，调整剪辑构图。

图10-10 选中"倒放速度"复选框　　　　图10-11 设置"位置"和"缩放"参数

（10）在"效果控件"面板中选中"运动"效果，在"节目"面板中将锚点向右移至合适的位置，如图10-12所示。

（11）在"运动"效果中启用"缩放"动画，添加两个关键帧，设置"缩放"参数分别为65.0、75.0，如图10-13所示。

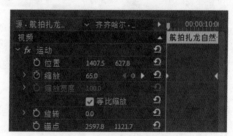

图10-12 调整锚点位置　　　　图10-13 编辑"缩放"动画

（12）在序列中选中"人物2"视频剪辑，在"效果"面板中搜索"翻转"，然后双击"水平翻转"效果添加该效果，即可水平翻转画面，如图10-14所示，使画面运动方向与上一个镜头一致。

（13）在有丹顶鹤画面的视频剪辑下方添加音效，在此将"丹顶鹤叫声"和"丹顶鹤飞翔"音效素材添加到A3轨道中，如图10-15所示，对音效素材进行修剪并降低音量。

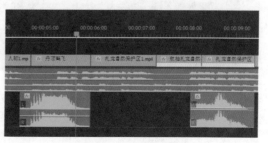

图10-14 水平翻转画面　　　　图10-15 添加音效

（14）在"节目"面板中预览"开篇引入"部分的视频效果，如图10-16所示。

图10-16　预览"开篇引入"部分的视频效果

（15）在00:00:09:24位置分割背景音乐，并删除右侧的部分，如图10-17所示。

（16）添加"音乐2"剪辑，对左侧的空白部分进行修剪。用鼠标右键单击"音乐2"音频剪辑，在弹出的快捷菜单中选择"音频增益"命令，在弹出的对话框中选中"调整增益值"单选按钮，设置增益值为－7 dB，如图10-18所示，然后单击"确定"按钮。

图10-17　分割并删除音乐

图10-18　设置音频增益

（17）在两个音乐音频剪辑之间添加"恒定功率"过渡效果，如图10-19所示，根据需要调整效果的持续时间和切入位置。

（18）添加两个音频轨道，在音乐转场位置分别添加"点击无效""切换幻灯片""唱片机"等音效素材，如图10-20所示，并对各素材的音量进行调整，使音乐转换生动、自然。

图10-19　添加"恒定功率"过渡效果

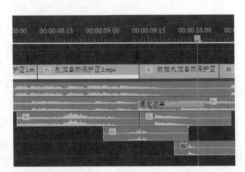

图10-20　添加音效

（19）根据旁白音频和剪辑思路依次添加其他视频剪辑，并调整视频剪辑的构图，对视频剪辑进行变速调整，在特定的画面位置添加相应的音效素材，如图10-21所示。

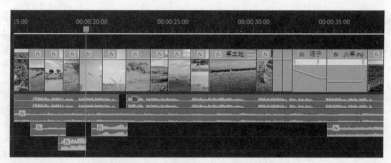

**图10-21 添加并设置其他视频剪辑**

（20）在"节目"面板中预览视频效果，这一部分内容主要展示自然湿地保护区、天然牧场、昂昂溪文化、俄式建筑、中东铁路等内容，图10-22所示为部分画面效果。

**图10-22 部分画面效果**

（21）在"火车"视频剪辑下方的A3音频轨道中添加"火车铁轨"音效素材，在"高铁"和"火车站1"视频剪辑下方添加"火车鸣笛"音效素材。将播放指示器移至"火车鸣笛"音效素材的中间位置，选中"音乐2"音频剪辑，按【Ctrl+K】组合键将其分割，并删除右侧的部分，如图10-23所示。

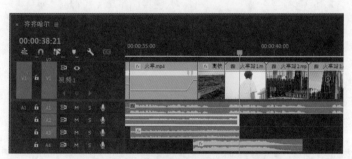

**图10-23 分割并删除"音乐2"音频剪辑**

（22）在"源"面板中打开"音乐3"素材，在00:00:13:16位置标记入点，如图10-24所示。

（23）将"音乐3"音频剪辑添加到A2轨道中，并与上一段音频剪辑进行组接，在组接位置添加"恒定功率"音频过渡效果。用鼠标右键单击"音乐3"音频剪辑，在弹出的快捷菜单中选择"音频增益"命令，在弹出的对话框中选中"将增益值设置为"单选按钮，设置增益值为－13dB，如图10-25所示，然后单击"确定"按钮。

图10-24　标记入点

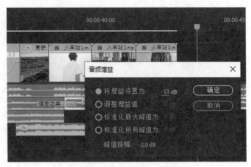

图10-25　设置音频增益

（24）根据旁白音频继续添加其他所需的视频剪辑，并对剪辑的构图、速度等进行调整。选中"航拍扎龙自然保护区3"视频剪辑，在"效果控件"面板中启用"缩放"动画，添加两个关键帧，设置"缩放"参数分别为100.0、50.0，如图10-26所示，制作画面缩小动画。

（25）对"航拍扎龙自然保护区3"视频剪辑进行嵌套，利用时间重映射对视频剪辑进行变速调整，如图10-27所示，加快画面缩小动画部分的速度。

图10-26　制作画面缩小动画

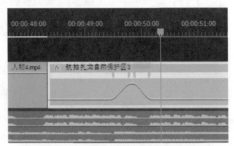

图10-27　使用时间重映射调整速度

（26）在"节目"面板中预览视频变速和缩放效果，如图10-28所示。

图10-28　预览视频变速和缩放效果

（27）在视频变速位置添加"急速气氛音效""急速转场音效"等音效素材，根据需要在视频剪辑之间添加默认的交叉溶解过渡效果，如图10-29所示。

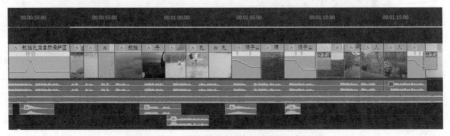

图10-29　添加默认的交叉溶解过渡效果

（28）在"节目"面板中预览视频效果，这一部分内容主要展示扎龙湿地、丹顶鹤、碾子山森林公园等内容，图10-30所示为部分画面效果。

图10-30　部分画面效果

（29）在00:01:20:00位置对"音乐3"音频剪辑进行分割，并删除右侧部分。在"源"面板中打开"音乐4"素材，在00:00:30:18位置标记出点，将"音乐4"音频剪辑添加到A2轨道，使用"音频增益"命令减小音量，然后在这两个音频剪辑之间添加"恒定功率"音频过渡效果，如图10-31所示。

（30）选中"碾子山8"视频剪辑，在"效果控件"面板中选中"运动"效果，在"节目"面板中将锚点位置移至画面上方，如图10-32所示。

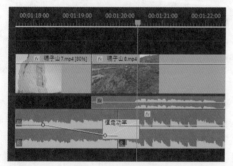

图10-31　添加"恒定功率"音频过渡效果

图10-32　移动锚点位置

（31）在"效果控件"面板中启用"缩放"动画，添加两个关键帧，设置"缩放"参数分别为50.0、100.0，如图10-33所示。

（32）对"碾子山8"视频剪辑进行嵌套，利用时间重映射对视频剪辑进行变速，加快开始部分的速度，如图10-34所示。

图10-33　编辑"缩放"动画

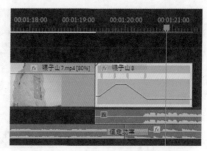

图10-34　利用时间重映射调整速度

（33）根据旁白和音乐添加其他视频剪辑，对视频剪辑进行调速，根据需要对旁白音频进行分割并调整语音的位置，为指定的画面添加相应的音效，如图10-35所示。

图10-35　添加与设置其他视频剪辑

（34）在"节目"面板中预览视频效果，图10-36所示为部分画面效果。

图10-36　部分画面效果

## 10.3.2　编辑音频

操作视频

编辑音频

使用"基本声音"面板对该文旅宣传片中的旁白音频和背景音乐音频进行编辑，如统一调整音频的音量、添加预设效果等，具体操作方法如下。

（1）将播放指示器移至序列最左侧，按【A】键调用向前选择轨道工具，按住【Shift】键的同时单击A1轨道中的旁白音频剪辑，即可选中所有旁白音频剪辑，如图10-37所示。

（2）打开"基本声音"面板，单击"对话"按钮，如图10-38所示。

图10-37　选中所有旁白音频剪辑　　　　图10-38　单击"对话"按钮

（3）在"预设"下拉列表框中选择"播客语音"选项，如图10-39所示。

（4）在"透明度"选项下调整"动态"级别滑块以更改语音的清晰度，选中"EQ"复选框，在"预设"下拉列表框中选择"播客语音"风格，然后拖动滑块调整"数量"参数，如图10-40所示。

（5）在"创意"选项下为音频设置混响效果，在"预设"下拉列表框中选择"加粗语音"选项，然后拖动滑块调整数量，在"剪辑音量"选项下拖动滑块调整音量，如图10-41所示。

图10-39　选择"播客语音"选项

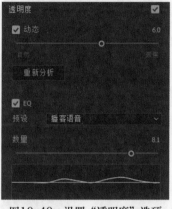

图10-40　设置"透明度"选项

图10-41　设置混响效果和剪辑音量

（6）使用向前选择轨道工具选中A2轨道中的所有背景音乐音频剪辑，如图10-42所示。

（7）在"基本声音"面板中单击"音乐"按钮，然后在"预设"下拉列表框中选择"平衡的背景音乐"选项，如图10-43所示。旁白音频和背景音乐音频音量调整完成后，根据需要调整各音效素材的音量。

图10-42　选中所有背景音乐音频剪辑

图10-43　选择预设背景音乐

## 10.3.3　视频调色

对文旅宣传片进行调色，以增强画面视觉效果，具体操作方法如下。

（1）在序列中选中第1个视频剪辑，打开"Lumetri颜色"面板，在"基本校正"选项中单击"自动"按钮，对视频剪辑进行智能颜色校正，如图10-44所示，然后根据需要对调整结果进行微调。

（2）展开"曲线"选项，在"RGB曲线"选项中调整白色曲线，如图10-45所示，改变画面中相应区域的曝光和对比度。

（3）切换到蓝色曲线，调整蓝色曲线，如图10-46所示，减少中间调和阴影区域的蓝色。

操作视频

视频调色

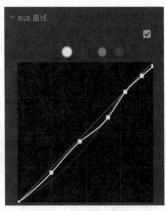

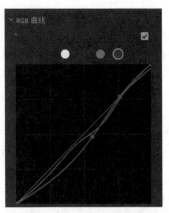

图10-44　智能颜色校正　　　　图10-45　调整白色曲线　　　　图10-46　调整蓝色曲线

（4）在"节目"面板中预览调色效果，如图10-47所示。

（5）采用同样的方法对第2个视频剪辑进行调色，效果如图10-48所示。

图10-47　预览调色效果（一）　　　　　　图10-48　预览调色效果（二）

（6）选中第3个视频剪辑，在"基本校正"选项中进行自动调整，展开"创意"选项，在"Look"下拉列表框中选择本地调色预设，调整"强度"和"自然饱和度"参数，并将"高光色彩"向蓝色调整，如图10-49所示。

（7）展开"曲线"选项，调整白色曲线，如图10-50所示。

（8）在"节目"面板中预览调色前后的对比效果，如图10-51所示。采用同样的方法，对其他视频剪辑进行调色。

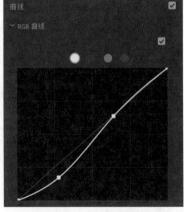

图10-49　创意调色　　　　图10-50　调整白色曲线　　　图10-51　预览调色前后的对比效果

## 10.3.4　添加转场

下面在文旅宣传片中添加转场效果，除了在合适的位置添加Premiere内置的交叉溶解、叠加溶解、胶片溶解等效果，还可以根据镜头特点制作合适的转场效果。

### 1．制作摇镜转场效果

摇镜头转场模拟相机摇镜的运镜效果，在切换镜头时为两个镜头添加相同方向的位置移动和动态模糊。以制作向上摇镜转场为例，具体操作方法如下。

（1）在"人物6"视频剪辑和"碾子山6"视频剪辑的转场位置上方添加两个调整图层，并设置调整图层的长度为10帧，如图10-52所示。

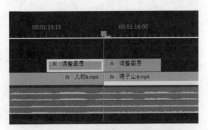

图10-52　添加并设置调整图层

（2）选中左侧的调整图层，为其添加"复制"效果，设置"计数"参数为2；添加"偏移"效果，设置"将中心移位至"属性中的横坐标参数为480.0，如图10-53所示。

（3）在"节目"面板中预览此时的画面效果，如图10-54所示，可以看到画面复制2次后变为4个，且画面向左偏移了480像素。

（4）为调整图层继续添加"镜像"效果，设置"反射角度"为－90.0°，如图10-55所示。

图10-53　设置"复制"和"偏移"效果

图10-54　预览画面效果（一）

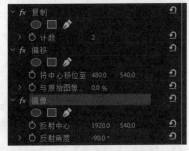

图10-55　设置并添加"镜像"效果

（5）此时，可以看到画面在垂直方向上产生了镜像，效果如图10-56所示。

（6）将"复制""偏移"和"镜像"效果复制到右侧的调整图层中，然后在"效果控件"面板中将"镜像"效果中的"反射角度"参数改为90.0°，如图10-57所示。

图10-56　预览画面效果（二）

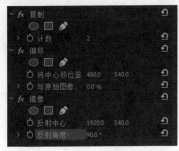

图10-57　更改"反射角度"参数

（7）在"节目"面板中预览"碾子山6"剪辑的画面效果，如图10-58所示。

（8）在V3轨道上再次添加两个调整图层，然后选中左侧的调整图层，如图10-59所示。

图10-58　预览画面效果（三）

图10-59　再次添加调整图层并选中左侧的调整图层

（9）为调整图层添加"变换"效果，在"效果控件"面板中设置"缩放"参数为200.0，启用"位置"动画，添加两个关键帧，分别设置"位置"属性中的纵坐标参数为0.0、1080.0，然后调整动画贝塞尔曲线，即可制作画面向下移动的动画效果；设置"快门角度"参数为240.00，如图10-60所示，即可为动画添加运动模糊效果。

（10）将"变换"效果复制到V3轨道右侧的调整图层中，在"效果控件"面板中调整"位置"动画的贝塞尔曲线，如图10-61所示。

图10-60　设置"变换"效果

图10-61　调整"位置"动画的贝塞尔曲线

（11）在"节目"面板中预览向上摇镜的转场效果，如图10-62所示。

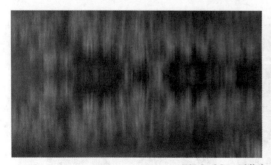

图10-62　预览向上摇镜的转场效果

　　在制作摇镜转场效果时，可以通过修改"偏移""镜像"和"变换"参数制作其他方向上的摇镜转场。如果在"节目"面板中播放时摇镜转场预览不正常，可以在"节目"面板中将"回放分辨率"设置为"完整"。

## 2. 制作旋转扭曲转场效果

操作视频

制作旋转扭曲转场效果

　　利用"镜像拼贴"预设效果制作旋转扭曲转场效果，具体操作方法如下。

　　（1）在"碾子山7"视频剪辑右端的转场位置上方的3个轨道中添加3个调整图层，调整调整图层的长度为10帧，然后将3个调整图层复制到"碾子山8"视频剪辑左端的转场位置，选中V2轨道左侧的调整图层，如图10-63所示。

　　（2）为调整图层添加"镜像拼贴"效果和"变换"效果，如图10-64所示。采用同样的方法，为V2轨道右侧的调整图层添加同样的效果。

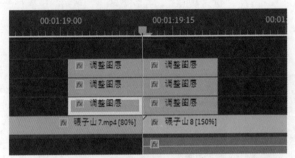

图10-63　添加调整图层并选中V2轨道左侧的调整图层

图10-64　添加视频效果

　　（3）为V3轨道左侧的调整图层添加"变换"效果，设置"缩放"参数为200.0，如图10-65所示。

　　（4）继续为调整图层添加"Alpha调整"效果，选中"忽略Alpha"复选框（见图10-66），然后将"变换"效果和"Alpha调整"效果复制到V3轨道右侧的调整图层中。

图10-65　设置"缩放"参数

图10-66　设置"Alpha调整"效果

　　（5）选中V2轨道左侧的调整图层，在"变换"效果中启用"缩放"动画，添加两个关键帧，设置"缩放"参数分别为100.0、70.0，调整动画贝塞尔曲线，如图10-67所示，使其先慢后快。

　　（6）在"变换"效果中启用"旋转"动画，添加两个关键帧，设置"旋转"参数分别为0.0°、−45.0°，调整动画贝塞尔曲线，如图10-68所示，使其先慢后快。采用同样的方法，设置V2轨道右侧的调整图层，同样编辑"变换"效果中的"缩放"和"旋转"动画，设置两个"缩放"关键帧参数分别为200.0、100.0，两个"旋转"关键帧参数分别为50.0°、0.0°，调整动画贝塞尔曲线，使其先快后慢。

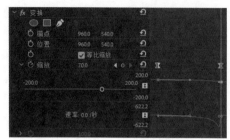
图10-67　编辑"缩放"动画

图10-68　编辑"旋转"动画

（7）选中V4轨道左侧的调整图层，为其添加"Lens Distortion"（镜头扭曲）效果，启用"Curvature"（曲率）动画，添加两个关键帧并设置"Curvature"参数分别为0、-40，调整动画贝塞尔曲线，如图10-69所示。

（8）为调整图层添加"Lumetri颜色"效果，在"基本校正"选项下启用"曝光"动画，添加两个关键帧并设置"曝光"参数分别为0.0、7.0，调整动画贝塞尔曲线，如图10-70所示。采用同样的方法，为V4轨道右侧的调整图层添加同样的效果，并制作相反的动画。

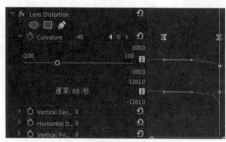
图10-69　编辑"Curvature"动画

图10-70　编辑"曝光"动画

（9）在"节目"面板中预览旋转扭曲动画效果，如图10-71所示。

图10-71　预览旋转扭曲动画效果

## 10.3.5　添加字幕

操作视频

添加字幕

在文旅宣传片中添加旁白字幕、说明性字幕及片尾标题字幕，并根据需要编辑字幕动画，具体操作方法如下。

（1）在第1句旁白语音位置使用文字工具在"节目"面板中输入旁白文字，将文本剪辑移至V5轨道中，根据旁白音频修剪文本剪辑的长度，如图10-72所示。

（2）打开"基本图形"面板，设置文本的字体、字体大小、对齐方式、字距、外观等格式，然后在"样式"选项中创建"旁白字幕"样式，如图10-73所示。

图10-72　添加并修剪文本剪辑　　　图10-73　设置文本格式并创建"旁白字幕"样式

（3）在"基本图形"面板的"对齐并变换"组中设置文本的对齐方式和"位置"参数，在"节目"面板中预览旁白字幕效果，如图10-74所示。

（4）按住【Alt】键的同时向右拖动文本剪辑，复制文本剪辑，根据旁白音频修改文字，如图10-75所示，完成其他旁白字幕的添加。

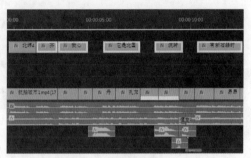

图10-74　预览旁白字幕效果　　　　　　图10-75　添加其他旁白字幕

（5）将播放指示器移至最左侧，在"基本图形"面板中创建文本剪辑，新建3个文本图层，输入经纬度和地址信息，并根据需要设置文本样式，如图10-76所示。

（6）在"节目"面板中预览文本效果，如图10-77所示。

图10-76　创建文本剪辑　　　　　　　　图10-77　预览文本效果

（7）在"效果控件"面板中展开文本的"变换"效果，根据需要编辑"位置"和"不透明度"动画，如图10-78所示，制作文本移动和渐显/渐隐动画。

（8）在"效果控件"面板中拖动时间轴左上方的控制柄调整开场持续时间，使其覆盖关键帧动画。采用同样的方法调整结尾持续时间（见图10-79），这样可以避免在修剪文本剪辑时将动画裁掉，然后根据需要对文本剪辑的长度进行修剪。

图10-78　编辑"位置"和"不透明度"动画

图10-79　调整开场和结尾持续时间

（9）在文旅宣传片的最后创建文本剪辑，在文本剪辑中创建4个文本图层并分别输入标题文字，设置文字样式，在"节目"面板中对文本进行排版，如图10-80所示。

（10）在"效果控件"面板的"不透明度"效果中单击"创建椭圆形蒙版"按钮◯创建"蒙版（1）"，如图10-81所示。

图10-80　对文本进行排版

图10-81　创建蒙版

（11）在"节目"面板中调整蒙版路径和蒙版羽化，如图10-82所示，使椭圆框住标题文本。

（12）在"蒙版（1）"中启用"蒙版路径"动画，添加两个关键帧，将播放指示器移至第1个关键帧位置，如图10-83所示。

图10-82　调整蒙版路径和蒙版羽化

图10-83　编辑"蒙版路径"动画

（13）在"节目"面板中调整蒙版的大小和位置，如图10-84所示。

（14）在"效果控件"面板中拖动播放指示器，即可预览蒙版动画，如图10-85所示。在预览过程中可以根据需要随时调整蒙版的大小和位置。此时，将生成相应的"蒙版路径"关键帧，根据需要调整关键帧的位置。

图10-84 调整蒙版大小和位置　　　　　　　　图10-85 预览蒙版动画

（15）为文本剪辑创建嵌套序列，设置嵌套序列名称为"标题文字"，如图10-86所示。

（16）在"效果控件"面板中编辑"位置""缩放"和"不透明度"动画，制作文字向上移动、放大和渐显动画，如图10-87所示。在"节目"面板中预览文旅宣传片整体效果，并导出短视频。

图10-86 创建嵌套序列　　　　　　图10-87 编辑"位置""缩放"和"不透明度"动画

# 课堂实训：使用Premiere剪辑江郎山宣传短视频

### 1. 实训背景

在文化和旅游产业深度融合发展的背景下，文旅宣传短视频成为展示地方文化、吸引游客的重要手段。文旅宣传短视频可以更加直观、生动地展示目的地的自然风光、历史文化、民俗风情等，从而激发游客的旅游兴趣。

随着游客对文旅产品需求的不断变化，文旅产业也在不断创新和升级。短视频作为一种新兴的宣传方式，能够很好地满足游客对多样化、个性化文旅产品的需求。短视频可以展示不同类型的文旅产品，如乡村旅游、生态旅游等，从而吸引更多的游客前来体验。

| 操作视频 | 操作视频 | 效果视频 |
|---|---|---|
| 使用Premiere剪辑江郎山宣传短视频（1） | 使用Premiere剪辑江郎山宣传短视频（2） | 使用Premiere剪辑江郎山宣传短视频 |

### 2. 实训要求

打开"素材文件\第10章\课堂实训"文件夹，使用Premiere Pro 2023剪辑江郎山宣传短视频，效果如图10-88所示。

图10-88　江郎山宣传短视频

### 3.实训思路

（1）创建序列

新建剪辑项目，导入视频素材和音频素材，然后创建帧大小为1920像素×1080像素、帧率为30帧/秒的序列。

（2）粗剪短视频

将视频素材和音频素材添加到序列，根据背景音乐的节奏和旁白音频对视频素材进行修剪，并根据需要调整视频剪辑的速度。

（3）精剪视频剪辑

为视频剪辑制作动画效果，制作摇镜转场等转场效果，丰富画面效果。

（4）视频调色

为视频剪辑进行颜色校正和风格化调色，以增强短视频的画质。

（5）编辑字幕

添加旁白字幕、说明性字幕及片头标题字幕，为说明性字幕制作移动和渐显/渐隐动画，利用蒙版为标题字幕制作动画。

## 课后练习

1. 简述文旅宣传片的创作要点。

2. 打开"素材文件\第10章\课后练习"文件夹，使用Premiere Pro 2023剪辑一条葫芦雕刻非遗文化宣传短视频，如图10-89所示。

图10-89　葫芦雕刻非遗文化宣传短视频